全国教育科学“十三五”规划重点课题项目(DJA2003
中国职业技术教育学会职业教育教学改革课题项目(1910459)
山东省职业教育教学改革研究项目(2017322)
山东商业职业技术学院专著出版计划资助项目

高职院校大学生职业道德教育实证研究

罗金凤　张志东　著

山东大学出版社
·济南·

图书在版编目(CIP)数据

高职院校大学生职业道德教育实证研究/罗金凤，张志东著. —济南：山东大学出版社，2020.9

ISBN 978-7-5607-6740-6

Ⅰ. ①高…　Ⅱ. ①罗…　②张…　Ⅲ. ①高等职业教育—职业道德—教学研究　Ⅳ. ①B822.9

中国版本图书馆 CIP 数据核字(2020)第 193907 号

责任编辑　谭学秋
封面设计　牛　钧

出版发行　山东大学出版社
社　　址　山东省济南市山大南路 20 号
邮政编码　250100
发行热线　(0531)88363008
经　　销　新华书店
印　　刷　济南华林彩印有限公司
规　　格　720 毫米×1000 毫米　1/16
　　　　　14.25 印张　264 千字
版　　次　2020 年 9 月第 1 版
印　　次　2020 年 9 月第 1 次印刷
定　　价　49.00 元

前　言

《公民道德实施纲要》把公民道德、职业道德、家庭美德教育作为核心建设内容，社会主义核心价值观中个人层面的敬业、诚信实际上也是职业道德的核心内容。党的十八大以来，职业教育的人才培养目标也有了更加深刻的内涵。习近平总书记在对职业教育的指示中提出：要树立正确的人才观，努力培养数以亿计的高素质劳动者和技术技能型人才。李克强总理在2015年“两会”上指出：“我们要用大批的技术人才作为支撑，让享誉全球的‘中国制造’升级为‘优质制造’。”《“十三五”教育发展规划纲要》也提出：“强化大国工匠后备人才培养，着力提升职业学校人才培养质量，加强职业精神培育……着力培养崇尚劳动、敬业守信、精益求精、敢于创新的工匠精神。”在职业教育中培养学习者精益求精的工匠精神已经成为新时期我国职业教育发展的核心关注点，成为新时期职业教育人才培养的新理念、新要求。可见，新时期高职生的职业道德培养被提到一个非常高的战略高度。高职院校作为国家新时代复合型技术人才培养的重要阵地，在传承大国工匠精神、培养社会急需的具备良好职业道德的技术人才方面承担着重要的责任和使命。

发达国家如美国、德国、日本等都非常重视职业教育的发展，包括职业道德的培养，其培养体系和模式提供了源源不断的技术人才，也成为他们保持制造强国地位的后续动力。反观我国的职业道德教育，其观念和行动都远远落后于发达国家，已成为制约职业教育长远发展的瓶颈和短板，当然更无法适应中国当前经济飞速发展对人才培养的要求。

当前，我国高职院校职业道德教育普遍存在重视程度弱化、课程设置碎片化、教师队伍分散化、教育途径单一化、教育效果差强化“五化”问题。同时，高职院校的职业道德教育是如何开展的？作为职业道德教育的对象——高职大学生对职业道德的认知如何？企业对高职生的职业道德诉求又是如何？职员（已毕业大学生)对高职院校大学生职业道德教育又有哪些意见和反思?这些第一手资料都需要我们进行实证调研,以对未来的高职院校大学生职业道德教育发展改进提供更真实有效的样本分析和对策建议。

当前,学术界对高职院校大学生职业道德教育论述很多,从不同角度分析了职业道德的重要性,阐明问题原因,提出研究对策,但大都来源于感性认识,虽也有少部分论著是作了调研后写作的,但调研对象大都比较单一,而且高职院校数量局限于一所或省内几所,没有代表性。所以,本书突破这一局限,面向全国,从四个维度(高职院校在校大学生、高职院校教师、企业管理者、企业职员),多角度多视野,围绕一个核心问题进行实证调研,共形成八篇调研报告。期望本书能给教育主管部门和高职院校人才培养提供第一手参考资料,为教育主管部门决策提供政策依据,为高职院校落实“立德树人”提供可行性方案,为人才培养提供实践支持,同时期望对我国高职教育发展起到一定促进作用,为企业和社会培养更多更优秀的人才与合格的建设者和接班人。

本书是全国教育科学“十三五”规划重点课题项目(DJA200306)、中国职业技术教育学会职业教育教学改革课题项目(1910459)、山东省职业教育教学改革研究项目(2017322)的阶段性成果,为2020年山东商业职业技术学院专著出版计划资助项目和山东商业职业技术学院商德研究所“双高计划”建设专项任务。

由于时间仓促,作者水平、能力和实践经验有限,书中肯定有缺憾和不当之处,恳请批评指正。

张志东

2020年4月25日

目　录

高职院校大学生职业道德教育现状调研报告(总报告)

一、研究现状及意义

高等院校,特别是高职院校的大学生职业道德教育,对于提高大学生的综合素质、向社会提供高素质的劳动者、稳定大学生就业率和维护社会稳定和谐都有积极作用,甚至与国家、民族的未来命运息息相关。因此,这一领域的研究在国内外学术界都十分踊跃。

(一)国内研究综述

通过对学校图书馆、中国知网等各类学术资源的检索来看,当前涉及高职大学生职业道德教育的研究主要集中在以下几个方面:

1. 对职业道德、社会主义职业道德基本概念、起源和内涵的研究。主要有吕一中主编的《职业道德教育与就业指导》(北京师范大学出版社 2006 年版),曾凡龙主编的《职业道德教程》(上海交通大学出版社 2005 年版),李斌的《高职大学生职业道德教育理论与探索》(湖南师范大学出版社 2011 年版),罗诗文、赵金洪主编的《职业道德与行为养成》(北京理工大学出版社 2012 年版),李家祥、王雯主编的《职业道德教育》(云南大学出版社 2006 年版)等论著,对此作了论述。

2. 对大学生及高职大学生职业道德教育重要意义、原则、内容和目标的研究。主要有贾玉敏的《当前中国职业道德教育研究》(武汉大学博士学位论文,2012 年),冯淑慧的《高职院校职业道德教育探析》(载《职业技术教育》2010 年第 3 期),施祖军的《论高职院校学生的职业道德教育》(载《教育与职业》2005 年第 23 期),黄朗的《大学生职业道德教育论略》(载《探索》2003 年第 2 期),罗晓珍的《高职院校职业道德教育探索》(载《职业技术教育》2007 年第 23 期),武晓华的

《加强大学生职业道德教育的若干思考》(载《思想理论教育导刊》2014年第2期)等文章,对此作了论述。

3. 对大学生及高职大学生职业道德教育状况、问题和原因的研究。韩玉、易连云的《从规范约束到意义引领——生存论视域下的大学职业道德教育》(载《高等教育研究》2008年第11期),曹珺玮、王会斌的《大学生职业道德教育的现状与对策研究》(载《中国成人教育》2012年第17期),隋帅帅的《高职学校学生的职业道德教育问题与对策研究》(鲁东大学硕士学位论文,2015年),张淑琼的《高职院校学生职业道德教育探析》(载《中国高教研究》2014年第5期),陈玲的《高职学校学生职业道德教育研究》(西北农林科技大学博士学位论文,2008年),高武、徐媛媛、张环的《高职院校学生职业道德教育现状的问卷研究》(载《中国职业技术教育》2015年第1期)等文章作了论述。

4. 对大学生及高职大学生职业道德教育的完善、改进策略的研究。龚宏富的《高职院校职业道德教育问题分析与途径探讨》(载《中国高教研究》2011年第5期),张建写的《高职院校职业道德教育问题探析》(河北师范大学硕士学位论文,2008年),吴析宸、朱德全的《高职职业道德教育课程结构分析》(载《职教论坛》2011年第30期),何文明的《体验式教育:职业道德教育的有效途径》(载《职教论坛》2008年第18期),韩玉、易连云的《从规范约束到意义引领——生存论视域下的大学职业道德教育》,孙苏奎的《大学生的职业道德养成教育》(载《教育评论》2014年第11期),张宏的《大学生职业道德教育的"四个要素"》(载《思想教育研究》2010年第9期),朱妍洁的《反思·建构:我国大学生职业道德教育研究——以重庆高校为例》(重庆交通大学硕士学位论文,2011年),隋帅帅的《高职学校学生的职业道德教育问题与对策研究》等文章作了论述。

(二)国外研究综述

在西方,研究职业道德起源较早,在20世纪六七十年代就开始有比较广泛的论述。

马克斯·韦伯最早提出资本主义起因于基督新教的观点。在他的著作之中,韦伯把现代职业的精神归因于基督教新教。在他看来,新教肯定了世俗工作,认为履行天职就是做好自己的本职工作,现代职业观由此得以诞生,现代职业精神也随之产生。①

莱昂纳多·布鲁克斯在他的著作中,把职业道德作为论述的重点。他强调指出:每个人都要了解自己所扮演的角色,每个人都要清楚自己应该负的道德责

① 参见[德]马克斯·韦伯:《新教伦理与资本主义精神》,马奇炎、陈婧译,北京大学出版社2012年版。

任,这一点很重要。他同时对职业道德的内涵进行了阐述,在职业道德这一问题上明确地提出了自己的理解,与此同时也对有效运用职业道德问题发表了自己的看法。①

曾担任过“德国经济伦理学研究网络”主席的霍尔斯特·施泰因曼,则从“改进组织中个人道德观”的角度,全面深入地阐述了职业道德问题。②

美国的罗伯特·赫钦斯被人们誉为高等教育思想家和改革家,他另辟蹊径,提出了一个“职业教育主义”的全新概念。在他看来,以前过度地重视和培养学生技术能力以及相关职业知识的学习模式,是一种职业教育主义的特征,有害于职业教育,是违背大学精神的,其忽视了对学生进行职业道德教育,对学生创造性能力的形成以及综合性思维的开发都是极为不利的。③

(三)研究意义

《公民道德实施纲要》把公民道德、职业道德、家庭美德教育作为核心建设内容,社会主义核心价值观中个人层面的“敬业、诚信”实际上也是职业道德的核心内容。党的十八大以来,职业教育的人才培养目标也有了更加深刻的内涵。习近平总书记在对职业教育的指示中提出:要树立正确的人才观,努力培养数以亿计的高素质劳动者和技术技能型人才。李克强总理在2015年“两会”上指出:“我们要用大批的技术人才作为支撑,让享誉全球的‘中国制造’升级为‘优质制造’。”《“十三五”教育发展规划纲要》也提出:强化大国工匠后备人才培养,着力提升职业学校人才培养质量,加强职业精神培育,着力培养崇尚劳动、敬业守信、精益求精、敢于创新的工匠精神。在职业教育中培养学习者精益求精的工匠精神已经成为新时期我国职业教育发展的核心关注点,成为新时期职业教育人才培养的新理念、新要求。可见,新时期高职生的职业道德培养已提到一个非常高的战略位置。这就要求高职院校要帮助学生树立崇高的职业理想和良好的职业道德,培养崇尚劳动、敬业守信、精益求精、敢于创新的高技能人才。但目前高职院校大学生职业道德教育普遍存在重视程度弱化、课程设置碎片化、教师队伍分散化、教育途径单一化、教育效果差强化“五化”问题。同时,高职院校的职业道德教育都是如何开展的?作为职业道德教育的对象——高职生对职业道德的认知如何?企业对高职生的职业道德诉求又是如何?职员(已毕业大学生)对高职生职业道德教育又有哪些意见和反思?这些第一手资料都需要我们进行实证调

① 参见[加拿大]莱昂纳多·布鲁克斯:《商务伦理与会计职业道德》,刘霄仑、叶陈刚主译,中信出版社2004年版。

② 参见[德]霍尔斯特·施泰因曼:《企业伦理学基础》,李兆雄译,上海社会科学院出版社2001年版。

③ 参见[美]罗伯特·赫钦斯:《美国高等教育》,汪利兵译,浙江教育出版社2001年版。

研，以对未来的高职生职业道德教育发展改进提供更真实有效的样本分析和对策建议。基于此，本次调查研究，从在校高职生、高校教师、企业管理者、企业职员（已毕业大学生）四个维度选取全国不同地区、不同类型的高职院校进行问卷调查，走访、调研部分不同规模企业，形成调研报告。

当前学术界对高职院校大学生职业道德教育论述很多。本次调查，我们检索中国知网大约有420篇相关文章从不同角度分析了职业道德重要性，阐明问题原因、提出研究对策，但大都来源于作者感性认识，虽也有少部分文章是作了调研后进行写作的，但调研对象大都比较单一，而且高职院校数量局限于一所或省内几所，没有很大代表性。所以，本研究试图突破这一局限，面向全国，从不同维度，围绕一个核心问题进行实证调研，形成调研报告。

基于此，2018年3月开始，山东商业职业技术学院商德研究所把高职院校学生职业道德教育培养作为重点工作和研究方向。同时，为了更全面了解情况，决定从高职在校大学生、高职院校教师、企业职员（已毕业大学生）、企业管理者四个维度多角度进行全面调研。在充分调研基础上，进行数据统计分析，发现问题，探寻答案，研究对策，期望能给教育主管部门和高职院校人才培养提供第一手参考资料，为教育主管部门决策提供政策依据，为高职院校落实"立德树人"提供可行性方案，为人才培养提供实践支持；同时，期望对我国高职教育发展起到一定促进作用，为企业和社会培养更多更优秀的人才与合格的建设者和接班人。

二、调查基本情况

本次调研工作，从2018年3月初动议，到前期资料准备整理、问卷设计、调研、数据统计分析，直到2019年8月调研总报告撰写完成等，历时近一年半的时间，共形成分报告五篇，总报告一篇，计十余万字。调研经过和概况如下：

2018年6月底到7月初，我们在山东省选取山东商业职业技术学院、青岛职业技术学院、山东城市建设职业学院三所高职院校的在校大学生进行了问卷调查，共发放问卷1100份，回收有效问卷1043份，有效收回率94.8%。调查对象从学生年级来看，2016级学生占29%，2017级学生占71%；从学生性别来看，男生占53%，女生占47%；从学生专业文理科看，文科生占27%，理科生占73%。所选调查对象，一定程度上能够代表山东省高职院校学生的思想状况。

2018年8月，我们借山东省高职思政课联盟会议召开的时机，对参加会议的24所高职院校的24名思政课教师进行了问卷调查；2018年11月，我们在山东省选取四所不同类型学校（山东商业职业技术学院、青岛酒店管理职业技术学院、聊城职业技术学院、滨州职业技术学院),对与职业道德教育密切相关、知情度较高的四种不同身份的高职教师(思政课教师、辅导员、专业课教师、教学管理者)进行了问卷调查。参与本次调查的教师所在学校,从其所属关系上分:有省属高职院校,如山东商业职业技术学院;也有地方高职院校,如聊城职业技术学院、滨州职业技术学院。从学校层次上分:有全国示范(骨干)高职院校,如山东商业职业技术学院、滨州职业技术学院;也有省优质高职院校,如青岛酒店管理职业技术学院。既有面上调查,如全省24所高职院校的24名思政课教师,也有点上的调查,如四所高职院校抽样调查。本次调查共有488名教师参与,调查对象中思政课教师占20%,专职任课教师占40%,辅导员占26%,教学管理人员占14%;从年龄来看,25～35岁的占40%,36～45岁的占38%,46～50岁的占14%,51～55岁的占7%,56岁以上的占1%;从职称来看,助教占26%,讲师占48%,副教授占19%,教授占7%。所以,本次调查对象所抽取样本具有普遍代表性,很大程度上代表了山东省高职院校教师对高职大学生职业道德教育情况的看法。

2018年11月,我们在全国七大行政区共选取11省14所高职院校(吉林工业职业技术学院、常州信息工程职业技术学院、浙江金融职业技术学院、青岛职业技术学院、山东商业职业技术学院、安庆职业技术学院、山东城市建设职业学院、晋中职业技术学院、郑州铁路职业技术学院、湖北中医药高等专科学校、湖南机电职业技术学院、中山职业技术学院、贵州工业职业技术学院、新疆建设职业技术学院)的在校大学生进行了网络问卷调查。本次调查共发放问卷18000份,收回有效卷17538份,有效回收率97.4%。问卷调查选取的14所高职院校,从地域分布看,覆盖东北区、华东区、华北区等全国所有七个行政大区;从办学级别看,全国示范(骨干)建设学校占43%,省级示范性建设学校占36%,一般学校占21%;从学校类别来看,既有综合类高职院校,也有机电、铁路、信息、金融、商业、中医药等专科门类学校,所以本次调查取样高职学校具有广泛的代表性。从学生年级来看,大一学生占51%,大二学生占31%,大三学生占18%;从学生性别来看,男生占58%,女生占42%;从学生专业看,文科学生占52%,理工科学生占48%。选取学生情况能很大程度代表全国高职院校大学生的普遍想法,具有广泛的代表性(具体学校情况见后面附表)。

2018年11～12月份,调查负责人利用在企业挂职的机会,对山东银座汽车有限公司和山东明仁福瑞达制药有限公司(两家企业分别是国有企业和国有控股企业,主要从事服务业和制造业)的135名管理者和450名职员进行了网络问卷调查,并对银座汽车有限公司32名中高管进行了访谈。调查对象管理者共发放调查问卷135份,收回有效问卷115份,有效回收率85.1%。其中山东银座汽车有限公司49人,山东明仁福瑞达制药股份有限公司66人,分别来自基层管理者、中层管理者和高层管理者。调查对象职员共发放问卷 450 份，回收有效问卷 378 份，有效回收率 84%。这两份问卷调查一定程度上反映了企业管理者和职员对当前高职大学生职业道德教育状况的判断。

2018 年 12 月至 2019 年 1 月，集中对四类调查问卷数据进行统计与分类；2019 年 2～8 月，撰写调研报告。

本次调查所有数据都是原始数据，是真实有效的。

三、问卷设计

调查问卷共有四个。

问卷一：高职院校大学生职业道德教育状况调查（在校大学生卷）。问卷分五部分，共计 25 题，其中选择题 24 个，开放题 1 个。第一部分是大学生对职业道德的认知及基本价值判断，第二部分是大学生对职业道德内容的认知，第三部分是大学生对职业道德教育的态度，第四部分是大学生对学校开展职业道德教育的态度及评价，第五部分是最后一道开放题——大学生对学校开展职业道德教育的建议。

问卷二：高职院校大学生职业道德教育状况调查（教师卷）。问卷分五部分共计 15 题，其中选择题 14 题，开放题 1 个。第一部分是教师就职业道德对大学生就业、职业影响的认知，包括教师对当前社会职业道德状况总体评价、职业道德对学生就业的影响、职业道德和职业技能对学生职业生涯的重要作用、学校职业道德教育的主要内容等。第二部分是高职院校开展职业道德教育整体情况的调查，包括学校对职业道德教育的重视程度、大学生对职业道德课和职业道德教育的认同感等。第三部分是学校开设职业道德课情况的调查，包括学校是否开设职业道德课程、开设课程状况、课时多少等。第四部分是教师对职业道德课教学效果自我评价及建议，包括教师讲授职业道德课感受、授课方法、考核方式及对学校设置职业道德课、进行职业道德教育的建议等。第五部分是开放题——对学校职业道德教育的建议。

问卷三：高职院校大学生职业道德教育状况调查（企业管理者卷）。问卷分六部分共计 26 题，其中选择题 25 个，开放题 1 个。第一部分是企业管理者的基本信息情况，包括性别、年龄、学历和职务；第二部分是对当前经济形势的判断和企业选人用人标准等；第三部分是对职业道德的认知与判断；第四部分是对大学生职业道德状况的基本评价；第五部分是对高职院校大学生职业道德教育活动（作用）的认知与评价；第六部分是开放题——对高职院校大学生职业道德教育的建议。

问卷四:高职院校大学生职业道德教育状况调查(企业职员卷)。问卷分五部分共计28题,其中选择题27个,开放题1个。第一部分是职员的基本信息情况,包括性别、年龄、毕业学校、学历与专业;第二部分是对职业道德的认知与判断;第三部分是对大学生职业道德状况的基本评价;第四部分是对高职院校大学生职业道德教育活动(作用)的认知与评价;第五部分是开放题——对高职院校大学生职业道德教育的建议。

四、调查结果、结论及分析

梳理四种不同类型问卷调查数据,我们对共性问题、差异性问题和比较有价值数据进行了对比分析,其结果如下(对于四种不同类型问卷调查数据的详细情况请见五个分报告):

本次调查用于结论性评价术语及等级有"好(强)""较好(强)""一般(一般强)""较差""极差"等五个等级,五个等级划分标准分别是:90%及以上为"好(强)",75%～89%为"较好(强)",60%～74%为"一般",45%～59%为"较差",45%以下为"极差"。

在本次问卷调查数据统计对比分析中,我们把5%及以上界定为存在一般性差异,7%及以上界定为存在比较性差异,10%及以上界定为存在显著性差异。具体调查情况及结果如下:

(一)对职业道德的认知与判断

1. 对社会职业道德的总体评价

高职院校大学生、高职院校教师、企业管理者、企业职员对社会职业道德的总体评价,具体数据见表1。

表1　对社会职业道德总体评价表(人数及百分比)

选项	高职院校大学生	高职院校教师	企业职员	企业管理者
A. 很好	5619(33%)	71(14%)	71(18.8%)	23(20.0%)
B. 比较好	6919(41%)	272(56%)	139(36.7%)	53(46.1%)
C. 一般	4138(24%)	137(28%)	151(40.0%)	38(33.0%)
D. 很差	262(2%)	8(2%)	17(4.5%)	1(0.9%)

高职院校大学生普遍认为,当前社会劳动者的职业道德状况一般。

高职院校教师对当前社会职业道德现状认同感一般。

企业职员对当前社会职业道德总体评价较差。

企业管理者对当前职业道德总体评价一般。

四种不同身份的人(高职院校大学生、高职院校教师、企业管理者、企业职员)对社会职业道德整体评价一般,具体情况是:对社会职业道德评价“很好”的占比,从高到低排序依次是:高职院校大学生(33%)、企业管理者(20.0%)、企业职员(18.8%)、高职院校教师(14%);评价“比较好”的占比,从高到低排序依次是:高职院校教师(56%)、企业管理者(46.1%)、高职院校大学生(41%)、企业职员(36.7%);评价“很好”和“比较好”两项合计占比,从高到低排序依次是:高职院校大学生(74%)、高职院校教师(70%)、企业管理者(66.1%)、企业职员(55.5%)。

整体来看,对社会职业道德评价相对较高的是高职院校大学生和教师,而企业管理者和职员评价相对较低,这种结果也比较符合社会实际。高职院校虽然是社会的组成部分,但环境相对封闭和单纯,高职院校大学生和教师学习、工作、生活圈子相对较小(狭窄),接触社会较少,不免存在一些不是特别了解社会职业道德现状或理想化问题;而且高职院校大学生和教师整体素质较高,所以他们对社会职业道德评价多以自己在大学校园感受为主,其评价普遍高于企业管理者和职员,实属正常。企业管理者和职员所在的工作和生活环境就是整个社会大环境的缩影,他们所在的环境和所接触的人都是社会的有机构成部分,所以他们对社会职业道德的评价更接近实际,低于高职院校大学生和教师,也比较符合客观实际。但企业管理者对社会职业道德评价为“比较好”及以上的占比高出职员10.6%,两者评价出现了显著差异。这种显著差异背后的原因是什么?这是个值得思考和研究的问题,留待以后作深入研究分析。

2.对职业道德内容的认知和态度

高职大学生对职业道德内容的选择趋于多元化,选择“勤奋努力,吃苦耐劳”的比例不到两成。在“你认为职业道德最重要的内容应是什么”这一问题上,分别有35%的高职大学生选择了“爱岗敬业,忠于职守”和“遵纪守法,诚实守信”,16%的高职大学生选择了“勤奋努力,吃苦耐劳”这一项,这与当前企业管理者认为高职大学生普遍缺乏“吃苦耐劳”精神的调查结果相吻合。具体数据见表2。

表2　　高职大学生对职业道德内容的选择情况

选项	选择人数	占比(%)
A.爱岗敬业,忠于职守	6138	35
B.遵纪守法,诚实守信	6124	35
C.和睦互助,团结协作	2407	14
D.勤奋努力,吃苦耐劳	2869	16

企业管理者认为,高职大学生的职业道德素质最突出的问题是"缺乏认真踏实的工作态度"和"缺乏吃苦耐劳的工作作风",两项分别占64.3%和49.6%。具体数据见表3。

表3　企业管理者认为高职大学生职业道德素质最突出的问题(多选)

选项	选择人数	占比(%)
A. 缺乏认真踏实的工作态度	74	64.3
B. 缺乏合作共事的团结意识	26	22.6
C. 缺乏吃苦耐劳的工作作风	57	49.6
D. 缺乏虚心好学、尊敬前辈的谦虚态度	17	14.8
E. 缺乏守时、诚信的个人品质	3	2.6
F. 好高骛远、眼高手低、轻易放弃的行事作风	38	33.0
G. 其他	4	3.4

对比高职大学生和企业管理者对职业道德内容的基本判断,我们发现,高职大学生对职业道德内容中排在第三位的"勤奋努力,吃苦耐劳"的判断(占16%),与企业管理者认为目前高职大学生的职业道德最突出的问题中排在第二位的"缺乏吃苦耐劳的工作作风"(49.6%),所反映的情况是基本一致的。高职大学生最不看重的正好是企业管理者认为高职大学生最缺乏的,换句话说是企业管理者认为最重要的。这也从另一个侧面解释了为什么企业很难找到"用得上,靠得住,留得下"的大学毕业生,而同时许多高校培养的大学生又不能找到合适的工作,因为"供"和"需"的两方关于职业道德核心内容这一方面在认知上存在比较大的分歧。这项调查结果,应该引起高校管理者和教育主管部门等的高度关注和思考,并应针对这个问题好好研究对策。

3. 对职业道德重要性认知

在职业道德和职业技能关系是单项选择时,八成多的教师认为"职业道德为先,两者缺一不可"。当问到职业道德和职业技能孰轻孰重的问题时,有82%的教师认为"职业道德为先,两者缺一不可",8%的教师认为职业道德更重要,同时也有8%的教师认为应以"职业技能为主,职业道德为辅",还有2%的教师认为职业技能是最重要的。具体数据见表4。

表 4　　高职院校教师认为职业道德和职业技能哪个更重要

选项	选择人数	占比(%)
A. 职业道德	41	8
B. 职业技能	9	2
C. 职业道德为先,两者缺一不可	399	82
D. 职业技能为主,职业道德为辅	39	8

在职业素质能力构成要素中,企业管理者认为职业道德素质排第一位。对于职业生涯中必须具备的素质和能力,调查数据显示,32.2%的企业管理者认为“职业道德”最为关键,认为“执行力”和“自我学习能力”也很重要的各占21.7%。具体数据见表5。

表 5　　企业管理者认为的职业素质能力构成

选项	选择人数	占比(%)
A. 业务能力	8	7.0
B. 沟通能力	11	9.6
C. 创新能力	7	6.1
D. 执行力	25	21.7
E. 职业道德	37	32.2
F. 良好的心理素质	2	1.7
G. 自我学习能力	25	21.7

企业职员认为企业在用人上更看重“做人第一,德才兼备”。调查数据显示,45.0%的企业职员认为企业用人更看重“做人第一,德才兼备”,24.3%的企业职员认为企业用人“做人与专业技能并重”。具体数据见表6。

表 6　　企业职员认为的企业用人看重要素

选项	选择人数	占百分比(%)
A. 做人第一,德才兼备	170	45.0
B. 技能为先,兼顾品德	25	6.6
C. 做人与专业技能并重	92	24.3
D. 根据岗位不同确定用人标准	73	19.3
E. 其他	18	4.8

对比以上三组数据,我们发现:无论是高职院校教师还是企业管理者和职员,在职业素质和能力关系中,他们都把职业道德素质排在第一位。“做人”永远是第一位的,没有其他,来自一线的实际调查再一次证明了这点。高校作为培养人才的地方,必须始终把“立德树人”放在工作第一位,谁落实这一根本任务到位,谁就赢得社会、企业和学生的心,谁就掌握发展主动权。

4. 对职业道德作用判断

高职大学生对职业道德在未来职业发展中的价值认同感非常高。91%的高职大学生认为职业道德对自己未来职业发展作用是“对我的成长、成功很重要”,8%的学生选择了“对我有作用,但用处不大”。具体数据见表7。

表7　高职大学生对职业道德在未来职业发展中的价值认同感

选项	选择人数	占比(%)
A. 对我的成长、成功很重要	16033	91
B. 对我有作用,但用处不大	1400	8
C. 跟我的成功几乎无关	105	1

企业管理者普遍认为职业道德对其当时就业和职业发展作用非常大。调查数据显示,分别有60.9%和36.5%的企业管理者认为职业道德对其当时就业和职业发展意义“非常大”或“比较大”。具体数据见表8。

表8　企业管理者认为职业道德对其职业发展作用

选项	选择人数	占比(%)
A. 非常大	70	60.9
B. 比较大	42	36.5
C. 不大	1	0.9
D. 没考虑过	2	1.7

企业职员也普遍认为职业道德对其当时就业和目前工作影响比较大。分别有40.5%和42.3%的企业职员认为职业道德对自己当时就业和目前职业发展影响“非常大”或“比较大”,但同时还有7.9%的职员认为影响“不大”。具体数据见表9。

表 9　　企业职员认为职业道德对其当时就业和目前工作影响

选项	选择人数	占比(%)
A. 非常大	153	40.5
B. 比较大	160	42.3
C. 不大	30	7.9
D. 没考虑过	35	9.3

结论：对比以上三组数据我们发现，无论是没有参加工作的在校大学生，还是企业管理者或职员，他们都对职业道德在自己就业和职业发展中的作用给予高度认同，但认同度还是存在一定差异的。其中企业管理者对职业道德对自己职业发展认同度高出在校大学生 6.4 个百分点，高出企业职员 14.6 个百分点。这种差异性从一定程度上说明，对职业道德作用认同度越高，其职业发展就越顺利或越成功；另一方面也说明，无论是高职院校还是企业都不能放松对职业道德教育的培养和训练，无论在高职院校还是在职场，职业道德教育和培养都是一个永恒的话题。

(二)高职院校大学生对职业道德教育认知及态度

1. 高职大学生接受职业道德教育现状

九成高职大学生表示普遍接受过职业道德教育，其中近三成的高职大学生表示职业道德教育来自父母和以往的学校教育，说明家庭对大学生的职业道德教育也非常重要。六成多的高职大学生表示在进入大学之后接受过职业道德教育，26%的人在父母和以往的学校教育中接受过，说明家庭教育也应体现在对孩子的职业道德教育上，对孩子的影响也很大。还有 10%的高职大学生表示进入大学之后没接受过。具体数据见表 10。

表 10　　高职大学生接受职业道德教育状况

选项	选择人数	占比(%)
A. 进入大学后接受过	11213	64
B. 进入大学后尚未接受	1746	10
C. 在父母和以往学校教育中接受过	4579	26

2. 高职大学生对接受职业道德教育目的性认识

九成多的高职大学生对修得职业道德的目的有正确的认识。分别有 94%和 72%的学生认为接受职业道德教育的目的是“自我提升的需要”和“为将来就业增加砝码”，但还有 27%的学生是“为了学分，顺利毕业”。具体数据见表 11。

表 11　　高职大学生对职业道德教育目的性认识(多选)

选项	选择人数	占比(%)
A. 自我提升的需要	16480	94
B. 为将来就业增加砝码	12564	72
C. 为了学分,顺利毕业	4694	27
D. 没考虑过	244	1

3. 高职大学生对接受职业道德教育的态度

高职大学生对未来在学习和工作中接受职业道德教育的积极性呈下降趋势,说明大学进行职业道德教育是比较好的时机。在“是否有兴趣和意愿在未来学习和工作生涯中接受职业道德教育”这个问题上,有近六成的高职大学生有兴趣和意愿在未来学习和工作生涯中接受职业道德的相关教育,还有的学生愿意了解一下,极少数高职大学生认为自己在未来会无暇顾及。具体数据见表 12。

表 12　　高职大学生对未来接受职业道德教育的态度

选项	选择人数	占比(%)
A. 很有兴趣,很愿意	10094	58
B. 有点兴趣,愿意了解一下	6792	39
C. 我很忙,顾不上	307	2
D. 没一点兴趣	142	1
E. 其他	103	0

4. 高职大学生接受职业道德教育的主动性

八成多的高职大学生有自觉培养职业道德的意识。在“是否在有意识地培养自己的职业道德”问题上,有八成多的高职大学生表示在有意识地培养自己的职业道德,说明职业道德已经深入大学生的心中,并且他们能根据自己的情况主动进行锻炼,可见职业道德教育的影响力非凡。具体数据见表 13。

表 13　　高职大学生对自觉培养职业道德意识的态度

选项	选择人数	占比(%)
A. 是	14563	83
B. 还没想过	2768	16
C. 不是	207	1

5. 高职大学生接受职业道德教育的方式

高职大学生更愿意在实践中接受职业道德教育和向榜样学习，选择课堂理论学习的占比不到一成。在实践中学习，在学习中成长，五成多的高职大学生这样认为；近三成的高职大学生认为是向榜样学习，榜样的感染力极大，通过学习他们的事迹能使自己更好地理解职业道德。具体数据见表14。

表14　　高职大学生更愿意接受职业道德教育的方式

选项	选择人数	占比(%)
A. 向榜样学习	4752	27
B. 自我感悟	2640	15
C. 在实践中学习	8894	51
D. 课堂理论学习	1252	7

结论：以上五组来自全国高职院校大学生的调查数据，比较真实客观地反映了当前高职大学生接受职业道德教育的现状：八成多的高职大学生有自觉培养职业道德的意识；九成高职大学生表示普遍接受过职业道德教育，其中近三成的高职大学生表示职业道德教育来自父母和以往的学校教育，说明家庭对大学生的职业道德教育也非常重要；九成多的高职大学生对修得职业道德的目的有正确的认识；高职大学生对未来学习和工作中接受职业道德教育的积极性呈下降趋势，说明大学进行职业道德教育是比较好的时机；近八成高职大学生更愿意在实践中接受职业道德教育和向榜样学习，课堂理论学习占比不到一成。希望这些数据能为教育主管部门制定政策和高校制定人才培养方案提供决策依据。

（三）对刚入职大学生职业道德状况基本评价

1. 职业道德对高职大学生就业和职业发展的作用

企业管理者认为职业道德对高职大学生就业和职业发展作用非常大。调查数据显示，有五成多的企业管理者认为职业道德对高职大学生就业作用"非常大"，有四成的管理者认为"比较大"，两项加起来占比95.7%；只有极少数人认为，两者关系不大。具体数据见表15。

表15　企业管理者认为职业道德对高职大学生就业和职业发展的作用

选项	选择人数	占比(%)
A. 非常大	60	52.2
B. 比较大	50	43.5
C. 不大	4	3.5
D. 没考虑过	1	0.9

企业职员认为职业道德对高职大学生就业和职业发展作用非常大。对于“职业道德对大学生就业和职业发展的作用”这个问题,调查数据显示,近五成的企业职员表示“非常大”,近四成表示“比较大”,两项加起来占比 84.7%,只有少部分人表示“不大”。具体数据见表 16。

表 16　企业职员认为职业道德对高职大学生就业和职业发展的作用

选项	选择人数	占比(%)
A. 非常大	173	45.8
B. 比较大	147	38.9
C. 不大	20	5.3
D. 不清楚	22	5.8
E. 没考虑过	16	4.2

2. 对刚入职大学毕业生职业道德状况评价

企业管理者对刚入职大学毕业生职业道德状况总体评价不高。调查数据显示,只有五成多的企业管理者对刚入职大学毕业生职业道德总体情况认为“好”或“比较好”,两项加起来占比 53.9%;四成多的管理者认为“一般”;有 3.5%的管理者认为“比较差”或“很差”。具体数据见表 17。

表 17　企业管理者对刚入职大学生职业道德总体评价

选项	选择人数	占比(%)
A. 好	12	10.4
B. 比较好	50	43.5
C. 一般	49	42.6
D. 比较差	3	2.6
E. 很差	1	0.9

企业职员对刚入职大学毕业生职业道德总体评价一般。调查数据显示:六成多的企业职员对刚入职大学毕业生职业道德总体情况认为“好”或“比较好”,两项加起来占比 61.38%;近四成的企业职员认为“一般”;有 1.32%的企业职员认为“比较差”或“很差”。具体数据见表 18。

表 18　企业职员对刚入职大学生职业道德总体评价

选项	选择人数	占比(%)
A. 好	78	20.6
B. 比较好	154	40.7
C. 一般	141	37.3
D. 比较差	3	0.8
E. 很差	2	0.5

3. 刚入职大学毕业生职业道德素质最大的缺点

企业管理者认为刚入职大学毕业生职业道德素质最大的缺点是缺乏认真踏实的工作态度。调查数据显示,大多数企业管理者认为,刚入职大学毕业生职业道德素质最大的缺点排前三位的是:"缺乏认真踏实的工作态度""缺乏吃苦耐劳的工作作风""好高骛远、眼高手低、轻易放弃的行事作风"。具体数据见表 19。

表 19　企业管理者认为刚入职大学毕业生职业道德素质最大的缺点(多选)

选项	选择人数	占比(%)
A. 缺乏认真踏实的工作态度	74	64.3
B. 缺乏合作共事的团结意识	26	22.6
C. 缺乏吃苦耐劳的工作作风	57	49.6
D. 缺乏虚心好学、尊敬前辈的谦虚态度	17	14.8
E. 缺乏守时、诚信的个人品质	3	2.6
F. 好高骛远、眼高手低、轻易放弃的行事作风	38	33.0
G. 其他	4	3.4

企业职员认为刚入职大学毕业生职业道德最大的缺点是"缺乏吃苦耐劳的工作作风"。对于"大学生就业后在职业道德方面最大的缺点是什么"这个问题,排前三位的分别是:"缺乏吃苦耐劳的工作作风""缺乏认真踏实的工作态度""好高骛远、眼高手低、轻易放弃的行事作风"。具体数据见表 20。

表 20　企业职员认为刚入职大学毕业生职业道德素质最大的缺点(多选)

选项	选择人数	占比(%)
A. 缺乏认真踏实的工作态度	289	76.5
B. 缺乏合作共事的团结意识	150	39.7

续表

选项	选择人数	占比(%)
C. 缺乏吃苦耐劳的工作作风	304	80.4
D. 缺乏虚心好学、尊敬前辈的谦虚态度	122	32.3
E. 缺乏守时、诚信的个人品质	37	9.8
F. 好高骛远、眼高手低、轻易放弃的行事作风	192	50.8
G. 其他	40	1.1

结论:以上三组调查数据表明,来自基层一线的企业管理者和职员认为职业道德对大学生就业和未来职业发展作用非常大,企业管理者认为“非常大”和“比较大”两项合计占比高达95.7%,比职员84.7%的认同度高出11.0个百分点。但管理者和职员对刚入职大学毕业生职业道德总体评价不高,认为“比较好”和“好”两项加起来占比分别是53.9%和61.4%,其中前者比后者低7.5个百分点。管理者和职员认为刚入职大学毕业生职业道德素质最大缺点排前三位的内容(“缺乏吃苦耐劳的工作作风”“缺乏认真踏实的工作态度”以及“好高骛远、眼高手低、轻易放弃的行事作风”)认知基本一致,只是管理者和职员对排位第一和第二位的“缺乏吃苦耐劳的工作作风”和“缺乏认真踏实的工作态度”位次有所交换,但不影响对该问题的基本判断。

三组调查数据充分说明,职业道德对大学生就业和未来职业发展非常重要。数据表明,职位越高对职业道德在职业生涯中作用认同度越高。同时,三组数据还反映了当前大学毕业生职业道德和高校职业道德教育状况令人担忧,刚入职大学毕业生最缺乏的职业道德素质是认真踏实的工作态度和吃苦耐劳的工作作风。这些调查结果都应该引起高校教育管理者的高度重视。既然来自一线的企业管理者和职员从切身工作和管理经验得出,职业道德对大学生职业发展如此重要,是大学生职业发展不可或缺的重要元素,高校就应该更加充分地认识职业道德教育的重要性和意义,应该也必须把职业道德教育摆到学校工作重要位置上来,把它作为落实立德树人根本任务来抓,狠抓落实,切实提高在校大学生的道德意识和水平,尤其是职业道德素质整体水平,为大学生创造良好的成长成才环境,为其就业和未来职业发展打下基础。

(四)高职院校大学生职业道德教育现状

1. 高职院校对职业道德教育重视程度

全国各高职院校大学生普遍认为学校对职业道德教育重视度不够。68%的高职大学生认为自己学校“重视”职业道德教育,30%的高职大学生认为学校“有教育,但重视度一般”。

山东省各高职院校大学生也认为学校对职业道德教育重视度不够。61%的高职大学生认为自己学校“重视”职业道德教育,35%的高职大学生认为学校“有教育,但重视度一般”。

高职院校教师认为学校非常重视或比较重视职业道德教育。在学校是否重视职业道德教育问题上,有55%的教师认为学校“非常重视”学生的职业道德教育,有35%的教师认为“比较重视”,两项合计占比90%。9%的教师认为“一般”,只有1%的教师认为学校“不重视”学生的职业道德教育。

通过数据比对我们发现,高职院校大学生和教师在学校是否重视职业道德教育问题上存在较大差异。只有68%的高职大学生认为学校重视职业道德教育,而教师认为学校对职业道德教育很重视,“非常重视”和“比较重视”两项加起来占比90%,大学生比教师同比低22个百分点。这种巨大差异,可能是由于调查对象取样不同造成的。教师取样,我们选取的是山东省4所高职院校的教师;而大学生取样,我们用的是全国14所高职院校(名单见后)的大学生调查数据。我们又对山东省3所高职院校的大学生数据进行了统计,结果发现,山东省高职院校大学生认为学校重视职业道德教育的占61%,比教师90%的认同度低29个百分点。调查数据显示,对学校是否重视职业道德教育,全国高职院校大学生调查数据与山东省高职院校大学生的数据相近,两组数据差距不大,不足以影响对此问题的基本判断,所以数据取样没有问题。对于为什么存在这种巨大差异,我们不能妄下结论,只能留待以后进一步研究分析。

2.高职院校开展职业道德教育情况

全国高职院校大学生普遍认为学校开展职业道德教育情况不好。只有41%的大学生对学校职业道德教育总体感觉“比较丰富”,41%的大学生感觉“有一点,但很凌乱”,还有18%的大学生认为“好像没有开展”。

山东省高职院校大学生也认为学校开展职业道德教育情况不好。高职大学生对于当前学校职业道德教育,有29%的大学生认为比较系统、丰富,44%的大学生认为比较凌乱,还有27%的大学生表示没有开展。

高职院校教师认为大学生对学校的职业道德教育认同感不高。在高职大学生对职业道德课和学校职业道德教育的认同感问题上,有36%的教师认为学生“非常认同”,35%的教师认为“比较认同”,即共有71%的教师认为学生“非常认同”或“比较认同”;21%的认为“一般”,也有4%的教师认为学生“麻木,没感觉,无所谓”,只有1%的教师认为学生“不认同”。

以上三组数据表明,全国高职院校大学生对学校开展职业道德教育状况评价较差,认为比较好的只占41%,而教师认为学生对学校职业道德教育认同感比较好及以上占比 71%,即学生对学校职业道德教育认同感比教师认为的低 30 个百分点。这种巨大差异,与上面第 1 个问题中学校是否重视职业道德教育的两组数据类似。我们又把山东省高职院校教师调查数据与山东省 3 所高职院校大学生调查数据进行对比分析发现,山东省高职大学生认为学校职业道德教育状况比较好的占 29%,比山东省教师低 42 个百分点;同时,山东省高职大学生认为学校职业道德教育状况比较好的比全国高职大学生低 12 个百分点。教师与大学生对同一问题(学校职业道德教育效果评价)认识上存在的这种巨大差异,可能与两者(教师、大学生)在学校所处位置不同有一定关系。教师与学校站位基本一致,代表施教者(管理者),教师在问卷调查过程中不排除有维护学校利益的想法,也可能更多是因为过去没有对教育效果进行过评价,只是凭自己对其他工作印象而答。而学生作为受教育者,更多的是反映自己真实的想法。至于更多更深层次的原因,也只能留待以后进行更深入的研究分析。

3.高职院校大学生职业道德教育课程内容情况

全国高职院校大学生普遍认为高职院校大学生职业道德教育课程内容与实际需求契合度不高。只有 69%的高职大学生认为学校课堂职业道德教育内容与实际要求很贴近,24%的认为很少部分有用,还有 7%的高职大学生认为根本不沾边。

山东省高职院校大学生也认为高职院校大学生职业道德教育课程内容与实际需求契合度不高。只有 65%的学生认为学校大学生职业道德教育内容与实际要求很贴近,26%的认为很少部分有用,还有 9%的学生认为根本不沾边。

这组数据非常清楚地表明:无论是全国高职院校大学生还是山东省高职院校大学生,普遍认为学校大学生职业道德教育课程内容老化,与实际要求相差较远,对学生帮助较少。提醒学校应该重视大学生职业道德教育教材的编写,也提示教师课程讲授要多结合实际和实例,注重教学实效。

4.高职院校大学生职业道德教育课教学效果

全国高职院校大学生普遍认为从大学生职业道德教育课程中获得相关知识较少。44%的学生表示对于职业道德的相关理论知识自己掌握得很好,52%的学生认为掌握得一般,4%的学生表示掌握很少或根本没有掌握。

山东省高职院校大学生也认为从大学生职业道德教育课程中获得相关知识较少。48%的学生表示:从大学生职业道德教育课程中获得的职业道德相关知识掌握得很好,46%的学生表示掌握一般。

这组数据也非常清楚地表明:无论是全国高职院校大学生还是山东省高职院校大学生,普遍认为从大学生职业道德教育课程中获得的相关知识较少。这个问题与上一个问题即大学生职业道德教育课程内容老化关联度较高。提醒高职院校和教师重视这一调查结果。

5. 高职大学生获得职业道德理论知识的来源

全国高职院校大学生都表示通过多门课程获得职业道德知识。91%的高职大学生表示主要通过“思想道德修养与法律基础”课来获得相关知识，排在第二位的竟然是大学生心理健康教育，专门职业道德教育课只占39%。具体数据见表21。

表21　　高职大学生获得职业道德知识来源(多选)

选项	选择人数	占比(%)
A. 思想道德修养与法律基础	16017	91
B. 大学生心理健康教育	12286	70
C. 大学生就业创业类课程	10691	61
D. 专门的大学生职业道德教育课	6801	39
E. 专业课渗透	4240	24

结论：全国高职院校大学生问卷调查数据显示，学生通过多门公共基础课程获得职业道德相关知识，而通过专门职业道德教育课获取的知识非常少。这一调查结果与我们最初动议在山东省高职院校进行本课题调研时获得的调研结果基本一致(山东省高职院校没有设置专门的大学生职业道德教育课程)，也与另一问题调查结果，即学生获得职业道德知识不系统、不丰富相吻合。

大量调查数据表明，职业道德对大学生就业和职业发展作用非常大，而大学的职业道德教育就显得极其重要，通过课堂获得比较系统、丰富的职业道德相关内容是职业道德教育培养的基础和最根本保障。但这组调查数据反映的高职院校大学生职业道德教育状况令人担忧。高职院校要改变这种状况，就必须对大学生职业道德教育课程设置进行更深入调查研究，以解决这一问题。

6. 高职大学生获取职业道德知识途径

全国高职院校大学生反映其获得职业道德知识的途径呈现多样性，其中前两位是思想政治理论课和专业课在课堂教学中渗透。高职大学生对于获取职业道德知识的途径可谓是多种多样，具体数据见表22。

表22　　全国高职院校大学生获得职业道德知识的途径(多选)

选项	选择人数	占比(%)
A. 思想政治理论课课堂教学	15038	87
B. 各专业课老师在课堂教学中渗透	12400	71
C. 到相关企业或实习基地学习	8267	47

续表

选项	选择人数	占比(%)
D. 学校组织的专家讲座	8771	50
E. 网络学习	7747	44
F. 参加志愿活动	7295	42

山东省高职院校大学生反映其获得职业道德知识的途径呈现多样性,其中前两位是思想政治理论课和专业课在课堂教学中渗透。对于习得的职业道德知识是通过哪种途径,学生给出了不同的答案。具体数据见表23。

表23　山东省高职院校大学生获得职业道德知识的途径(多选)

选项	选择人数	占比(%)
A. 思想政治理论课课堂教学	872	84
B. 各专业课老师在课堂教学中渗透	663	64
C. 到相关企业或实习基地学习	425	41
D. 学校组织的专家讲座	428	41
E. 网络学习	340	33
F. 参加志愿活动	326	31

刚毕业高职大学生(企业职员)反映,在学校开展的大学生职业道德教育中,收获最大的几种方式中前三位是:(1)学校实训、顶岗实习、学徒制等教学环节中养成;(2)学校日常管理养成的职业道德意识和习惯;(3)学校大学生职业道德教育课程。具体数据见表24。

表24　刚毕业大学生认为学校开展的职业道德教育中收获最大的方式(多选)

选项	选择人数	占比(%)
A. 学校职业道德教育课程	246	65.1
B. 专业课中教师渗透的职业道德	180	47.6
C. 学校实训、顶岗实习、学徒制等教学环节中养成	274	72.5
D. 学校日常管理养成的职业道德意识和习惯	265	70.1
E. 在校期间社会实践	164	43.4
F. 其他	5	1.3

结论:调查数据显示,当前高职大学生获得职业道德知识的途径,前两位是

思想政治理论课和专业课在课堂教学中渗透。在专业课教学中融入职业道德教育内容应该是高职院校大学生职业道德教育不容忽视的一个环节。因为职业道德具有一定特殊性,其内容与所从事职业高度相关(行业性),专业课教师在教学过程中深挖课程职业道德内容,结合专业知识融入课堂教学一同传授给学生,是顺理成章、效果最佳的方式。高职院校应该结合当前进行的“课程思政”,将职业道德教育内容纳入高职院校“课程思政”改革的试点中,同时推动高职院校思想政治理论课和大学生职业道德教育课程建设,可谓一举两得。

来自企业职员(刚毕业高职大学生)的调查数据表明,他们获得职业道德相关知识的途径多样,其中前三位是:(1)学校实训、顶岗实习、学徒制等教学环节中养成;(2)学校日常管理养成的职业道德意识和习惯;(3)学校大学生职业道德教育课程。希望这组调查数据能给高职院校改进职业道德教育以启发。

7. 对学校设置专门大学生职业道德教育课程的态度

被调查的全国高职院校大学生中有八成多希望学校开设专门的大学生职业道德教育课程。在“大学是否应该开设专门的职业道德教育课”这一问题上,86%的高职大学生表示大学有必要开设专门的职业道德教育课,只有极少数人表示没必要。具体数据见表25。

表25　全国高职院校大学生对开设专门职业道德教育课程的态度

选项	选择人数	占比(%)
A. 有必要,以行业职业道德规范为教材	15009	86
B. 没必要,现有课程中所包含的内容已足够	1129	6
C. 在现有课程已有内容的基础上不断更新即可	1400	8

山东省高职院校大学生中有八成多对学校开设专门的职业道德课程持赞同态度,并且对于开展方式积极表达了自己的看法,采取的方式可有思想政治理论课教学、各专业课教学中渗透、到相关企业或实习基地学习、主题讲座等。具体数据见表26。

表26　山东省高职院校大学生对开设专门职业道德教育课程的态度

选项	选择人数	占比(%)
A. 有必要,以行业职业道德规范为教材	868	83
B. 没必要,现有课程中所包含的内容已足够	83	8
C. 在现有课程已有内容的基础上不断更新即可	92	9

高职院校教师普遍认为大学生职业道德教育非常重要,但不到一半的教师认为应该设置专门的大学生职业道德教育课程。在问到大学生职业道德教育课程重要与否时,48%的教师认为非常重要,应该专门设置;也有36%的教师认为比较重要,“思想道德修养与法律基础”“大学生心理健康教育”以及大学生就业创业类等课程都包括就可以;16%的教师认为应该与专业课结合,在专业课教学中渗透就可以。没有教师认为学校不应该设置这门课。

结论:调查数据显示,无论是全国高职院校大学生还是山东省高职院校大学生问卷调查中,都有八成以上的高职大学生对学校设置专门的大学生职业道德教育课程给予充分肯定,而教师中赞成设置专门大学生职业道德教育课程的不到一半,“需求”与“供应”对同一问题出现了比较大的意见分歧。教师的意见能够比较集中代表学校意见。大学生的“呼声”、大学生职业道德教育现状和企业对职业道德教育的需求,应该引起教育主管部门和高职院校的重视和思考。

这一调查结果与我们在山东省几所高职院校进行的最初调查是一致的,也是我们想全面、客观、多角度进行高职院校大学生职业道德教育现状调查的最初动机和希望所在。无论是从人才培养的必要性还是企业对人才需求的迫切性来看,职业道德教育都必须成为高校人才培养的重要任务,这也是落实教育部“立德树人”的重要载体和抓手。高职院校开设专门大学生职业道德教育课程,编写适应时代发展需要和学生需求的教材非常必要,希望能够得到教育主管部门的重视并研究落实。

8.职业道德教育是不是高职院校的“专利”

六成多企业管理者认为,普通本科院校和高职院校都应该重视大学生职业道德教育。调查数据显示,六成多的企业管理者认为,普通本科院校和高职院校都应该重视大学生职业道德教育,虽然学校类别不同,但是培养的学生最终都是要走上社会的,需要他们具有较高的职业道德,所以大多数企业管理者认为,大学生职业道德教育不应是高职院校的“专利”。有近三成的企业管理者认为高职院校应该比普通本科院校更重视大学生职业道德教育。有3.5%的人不认同大学生职业道德教育是高职院校的“专利”。选择“都应该重视”的企业管理者实际暗含高职院校应该重视大学生职业道德教育,加上选择特别强调高职院校应该加强大学生职业道德教育的,赞同高职院校重视大学生职业道德教育的占比是96.5%。具体数据见表27。

表 27 企业管理者认为高职院校是否应比普通本科院校更重视大学生职业道德教育

选项	选择人数	占比(%)
A. 是	34	29.5
B. 不是	4	3.5
C. 都应该重视	77	67.0

七成多企业职员认为，高职院校和普通本科院校都应该重视大学生职业道德教育。职业道德是不分层次的，它是面向全体社会成员的一种道德规范。对于高职院校是否应该比普通本科院校更重视大学生职业道德教育这个问题，两成多的企业职员认为“是”，七成的企业职员表示“都应该重视”。具体数据见表 28。

表 28 企业职员认为高职院校是否应比普通本科院校更重视大学生职业道德教育

选项	选择人数	占比(%)
A. 是	90	23.8
B. 不是	19	5.0
C. 都应该重视	269	71.2

结论：调查数据显示，企业管理者和职员均认为无论是普通本科院校还是高职院校都应该重视大学生职业道德教育。众所周知，我国高职教育兴起于 20 世纪 90 年代。在高职发展的初期，“以就业为导向”是高职教育人才培养的最初定位，高职教育培养的人才都是面向管理、服务一线的技能型人才，其对人才的要求，职业道德素质高低直接决定就业的好坏，所以一般高职院校非常注重对学生职业道德素质的培养，把其作为学校人才培养的重要工作。本次调查负责人有普通本科高校管理经历，据其观察了解认为，相对于高职院校对职业道德教育的重视，本科院校在人才培养方面，职业道德很少或没有作为人才培养的重要内容或放在比较突出的位置上，只是存在于学校“立德树人”的大德育中，所以本次调查负责人特意针对这一问题进行了专门调查。结论显而易见，大学生职业道德教育不是高职院校的“专利”，普通本科院校（尤其是一些地方应用型本科院校）也应该重视大学生职业道德教育。希望借此能够给教育主管部门和本科院校以思考和启示。

9. 开展职业道德教育时机选择

被调查的全国高职院校大学生中有九成多赞成职业道德教育应该从大一开始。对职业道德教育应该从什么时候开始这一问题，有 92% 的高职大学生认为大一就应该开始,他们认为较早的接触有助于良好习惯的提前养成。

山东省高职院校大学生中有九成表示职业道德教育应该从大一开始。当问到职业道德教育应该从什么时候开始时,90%的高职大学生认为从大一开始较好。

高职院校教师表示,八成多的学校在大一就开始进行职业道德教育。在问到大学生职业道德教育课程在什么时候开设的时候,65%的教师回答在大一上学期,16%的教师回答在大一下学期,在大一开始进行职业道德教育的占81%;有9%的教师回答在大二上学期,7%的教师回答在大二下学期,在大二开始进行职业道德教育的占16%;还有1%的教师回答在大三上学期开设,2%的教师回答在大三下学期开设,在大三开始进行职业道德教育的占3%。

结论:调查数据显示,无论是全国还是山东省高职院校大学生问卷,都有九成多的高职大学生选择了职业道德教育应该从大一开始,越早越好。这组调查数据与高职大学生对职业道德重要性的认识有较高的趋同度。同时,高职院校教师的问卷调查数据显示,八成多的教师所在学校都在大一开始进行职业道德教育。高职大学生希望学校开始职业道德教育的时间与学校实际开始职业道德教育时间虽有一定差距,但情况基本一致。

10. 企业管理者和职员对高职院校开展大学生职业道德教育的态度

九成多的企业管理者支持大学里进行大学生职业道德教育。调查数据显示,在"职业道德教育应该何时进行比较好"这一问题上,七成多的企业管理者认为在大学和职场中都应该进行,有两成的企业管理者认为必须在大学里进行,为入职提前做好准备,两项合计占93.0%;只有3.5%的企业管理者认为"入职后在岗位上受教育,自然就会养成"。具体数据见表29。

表29　企业管理者认为进行职业道德教育比较合适的阶段

选项	选择人数	占比(%)
A. 必须在大学里进行,为入职提前做好准备	23	20.0
B. 入职后在岗位上受教育,自然就会养成	4	3.5
C. 在大学和职场中都应进行	84	73.0
D. 没考虑过	1	0.9
E. 其他	3	2.6

八成多的企业职员支持大学里进行大学生职业道德教育。调查数据显示,在"职业道德教育应该何时进行比较好"这一问题上,五成多的企业职员认为在大学和职场中都应该进行,有近三成的企业职员认为必须在大学里进行,为入职

提前做好准备，两项合计占83.6%；还有11.4%的企业职员认为“入职后在岗位上受教育，自然就会养成”。具体数据见表30。

表30　企业职员认为进行职业道德教育比较合适的阶段

选项	选择人数	占比(%)
A. 必须在大学里进行，为入职提前做好准备	99	26.2
B. 入职后在岗位上受教育，自然就会养成	43	11.4
C. 在大学和职场中都应进行	217	57.4
D. 没考虑过	10	2.7
E. 其他	9	2.4

结论：对比企业管理者和职员关于进行职业道德教育比较合适的阶段选择，他们绝大多数都赞成“在大学和职场中都应进行”，还有两成多的企业管理者和职员选择了“必须在大学里进行，为入职提前做好准备”。调查数据表明，来自企业一线的管理者和职员都非常重视职业道德教育，在大学进行职业道德教育是必需的课程，而且职位越高在企业承担责任越大，对职业道德教育重要性的认同越高。结合上面第9个问题的调查结果，可得出结论：无论是用人单位还是大学主要施教者——教师和被施教者——大学生都认同职业道德教育的重要性，而且表示在大学里越早进行越好。

11. 企业职员对企业进行职业道德教育的态度

企业职员中近九成被调查者认为，企业很有必要在职场中进行职业道德教育。对于有无必要在工作中进行职业道德教育这一问题，近九成的人表示肯定。具体数据表31。

表31　企业职员对企业进行职业道德教育的态度

选项	选择人数	占比(%)
A. 有必要，对自身有帮助	336	88.9
B. 没必要，浪费时间	10	2.7
C. 没必要，制度、规则约束远比教育效果强	7	1.9
D. 没必要，职场环境、岗位职责就是最好的教育方式	25	6.6

结论：这组数据来自企业职员问卷调查。数据表明，职业道德教育是一项长期工作，无论是培养准职业人——在校大学生的高校，还是职场，都应该进行职业道德教育，职业道德教育和修行无处无时不在。

五、本次调查研究性成果

通过对五份调查问卷近两万人次的大量调查数据统计分析,对调查结果进行研究,我们对这次问卷调查形成了以下研究成果,期望能够给相关研究者和教育工作者以启迪和思考。

(一)山东省高职院校大学生调查问卷反映出的问题及建议

对山东省3所高职院校1100余名大学生问卷调查数据统计结果表明,高职大学生在职业道德重要性认知、职业道德内容和高职院校大学生职业道德教育工作等方面存在许多一致性和不一致性。这些问题,值得教育研究者、高职院校管理者重视。

1. 一致性问题

(1)高职大学生对职业道德教育效果评价一般,高职院校对大学生职业道德教育重视程度一般。这几所高职院校都没有设立专门的大学生职业道德教育课程,只是在“大学生思想品德与法律基础”课、“大学生职业规划”和专业课中零散渗透职业道德教育。调查发现,对当前学校大学生职业道德教育的情况,44%的高职大学生认为比较凌乱,还有27%的大学生表示没有开展;同时48%的大学生感觉从职业道德教育课程中获得相关知识效果一般。调查数据显示,高职大学生对学校大学生职业道德教育整体评价不高,认为高职院校普遍不重视大学生职业道德教育工作。由于高职院校不重视大学生职业道德教育工作,无论对大学生职业道德教育课程还是教育活动都没有整体设计,所以没有很好的教学效果就成为必然。这种状况,与高职院校人才培养目标、企业对人才的需要、高职大学生对职业道德教育高度认可和需求,是不相协调的。具体数据见表32。

表32　高职大学生对职业道德教育效果评价及学校对职业道德教育重视程度对比

问题描述	选项	占比(%)
你对当前学校职业道德教育的总体感觉是	A. 比较系统丰富	29
	B. 有一点,但很零乱	44
	C. 好像没有开展	27
通过学校的职业道德教育课程,你是否对职业道德的相关理论知识、社会主义职业道德的基本要求已经有所掌握?	A. 掌握很好	48
	B. 掌握一般	46
	C. 掌握很少,或者根本没有掌握	6

续表

问题描述	选项	占比(%)
你认为学校重视对大学生职业道德教育吗?	A. 重视	61
	B. 有教育,但重视度一般	35
	C. 不重视	4

(2)学生对高职院校设置专门大学生职业道德教育课程和从大一就应该进行职业道德教育的认知与学生对职业道德教育重要性高度认可正相关。调查数据显示,89%的高职大学生认为职业道德是自己必备的素质,对自己未来职业成功至关重要,所以他们希望学校重视大学生职业道德教育,希望接受系统的职业道德知识教育;83%的大学生赞同学校设置专门的大学生职业道德教育课程;90%的大学生建议从大一就开始进行职业道德教育。这三组数据反映的情况是一致的。具体数据见表33。

表33　高职大学生对职业道德教育课程及职业道德重要性认同情况

问题描述	选项	占比(%)
你对大学开设专门的职业道德教育课的看法	A. 有必要,以行业职业道德规范为教材	83
	B. 没必要,现有课程中所包含的内容已足够	8
	C. 在现有课程已有内容的基础上不断更新即可	9
你认为对大学生进行职业道德教育应该	A. 从大一开始	90
	B. 从大二开始	8
	C. 从大三开始	2
你认为职业道德是自己的必备素质、对自己未来的职业成功至关重要吗?	A. 是的,对我的成长、成功很重要	89
	B. 对我有作用,但用处不大	10
	C. 跟我的成功几乎无关	1

2. 不一致性问题

(1)高职大学生对职业道德重要性高度认可与他们对职业道德重要内容价值认同不匹配。调查数据显示,89%的高职大学生对职业道德重要性给予充分肯定,他们对职业道德在自己就业和未来职业生涯中所起的作用认识很清楚也很到位;但对职业道德内容的选择,只有43%的高职大学生认同“这个社会只有恪守诚信和勤劳才能成功”,分别只有36%和20%的大学生认为“爱岗敬业,忠于职守”和“勤奋努力,吃苦耐劳”是大学生最重要的职业道德内容。调查数据说明,高职大学生对职业道德重要内容价值认同与职业道德重要性认知呈现出显著差异。这种显著差异表现出高职大学生对职业道德认识的自我矛盾性或大学生对职业道德价值认同与企业对大学生职业道德判断的不一致性。这就提醒高职院校教育、管理工作者,在进行职业道德教育时,必须把解决学生对职业道德深层认知当作重要任务来抓,否则职业道德教育效果就大打折扣。具体数据见表 34。

表 34　　高职大学生对职业道德价值判断

问题描述	选项	占比(%)
你认为职业道德是自己的必备素质、对自己未来的职业成功至关重要吗?	A. 是的,对我的成长、成功很重要	89
	B. 对我有作用,但用处不大	10
	C. 跟我的成功几乎无关	1
这个社会只有恪守诚信和勤劳才能成功,是吗?	A. 是的,我坚信	43
	B. 不一定,有的时候看机遇和头脑	53
	C. 可以灵活变通,固守诚信反而迂腐;现在要靠脑子和技术挣钱,跟勤劳无关	4
你认为大学生职业道德所含的最重要的是	A. 爱岗敬业,忠于职守	36
	B. 遵纪守法,诚实守信	31
	C. 勤奋努力,吃苦耐劳	20
	D. 和睦互助,团结协作	13

(2)高职大学生对职业道德重要性高度认可与高职院校对大学生职业道德教育不够重视不相匹配。调查显示,89%的高职大学生对职业道德教育表现出高度的认同,这很出乎我们调查前的预期;但同时 39%的高职院校对大学生职业道德教育重视一般或不重视,这也在我们预料之内。这"一热一冷",折射出当前高职院校大学生职业道德教育很不协调的一面,当被教育者——学生对职业道德教育充满期待时,作为施教主体——学校却不能给予应有的重视和有效供给,这不得不说是对学校提出的"以学生为本"办学方针的背离。具体数据见表 35。

表 35　高职大学生对职业道德认知与学校对大学生职业道德教育重视程度对比

问题描述	选项	占比(%)
你认为职业道德是自己的必备素质、对自己未来的职业成功至关重要吗?	A. 是的,对我的成长、成功很重要	89
	B. 对我有作用,但用处不大	10
	C. 跟我的成功几乎无关	1
你认为学校重视对大学生职业道德教育吗?	A. 重视	61
	B. 有教育,但重视度一般	35
	C. 不重视	4

(3)高职大学生对职业道德教育高度认可与学生接受职业道德教育现状不相匹配。本次调查时间是 2018 年 6 月底,调查对象是大一、大二学生,无论是哪一级学生,他们都很熟悉学校职业道德教育状况。但调查数据显示,只有 61% 的高职大学生在大学里接受过职业道德教育,这与高职大学生对职业道德教育高度认同的 89%比例形成鲜明对比。这一结果与上面第(2)条结果相互印证。高职院校应高度重视并积极开展大学生职业道德教育工作刻不容缓。具体数据见表 36。

表 36　高职大学生接受职业道德教育状况

问题描述	选项	占比(%)
你认为职业道德是自己的必备素质、对自己未来的职业成功至关重要吗?	A. 是的,对我的成长、成功很重要	89
	B. 对我有作用,但用处不大	10
	C. 跟我的成功几乎无关	1
到目前为止,你接受过职业道德教育吗?	A. 进入大学后接受过	61
	B. 进入大学后尚未接受	18
	C. 在父母和以往学校教育中接受过	21

3. 对策与建议

(1)做好顶层设计,把大学生职业道德教育与学校日常教育教学相结合,与人才培养相融合。加强大学生职业道德教育不是强加给高职院校的另一项任务,也不是要求学校必须单独进行的一项特殊重要工作,职业道德教育本身应该是学校整体工作很重要的一部分,应该纳入学校整体工作中,必须做到与学生日常教育和日常教学相结合,必须融入学校“三全”育人作中,必须融入人才培养工作中。这就要求高职院校必须高度重视,从思想源头上把大学生职业道德教育作为学校的一项重要工作来抓,像抓职业技能大赛一样重视职业道德培养。学校必须明确大学生职业道德教育主管部门,建立协同育人机制,将大学生职业道德教育作为高职院校德育工作和人才培养的重要工作内容和考核内容。

(2)设置专门课程,丰富教学内容,实现理论教学与实践教学并举,多样化教育教学方式和考核方式相结合,从深层次上解决大学生对职业道德价值认同感不高问题,以增强教育效果。

(3)借助订单培养、现代学徒制等教学模式,将企业文化融入学校文化中,积极构建独具特色的高职校园文化氛围。通过订单式培养,将职业道德教育纳入整个教学过程中,让准职业道德融入大学生学习过程中,感受职业道德要求,约束自己行为;借助现代学徒制教学方式,通过"传帮带"手把手教学方式,使爱岗敬业、精益求精、执着职业理想的工匠精神深入学生内心,内化为职业道德理想,规范学生职业道德行为。

(4)积极探索高职院校"课程思政"职业道德教育与专业课高度融合的有效途径。充分利用现代学徒制和"工匠工房"人才培养的有利形式,深入挖掘专业课中职业道德内存的相关因素,将职业道德教育与专业课相融合,共同打造高素质技术技能拔尖人才。

(二)全国高职院校大学生调查问卷反映出的问题及建议

我们通过对全国11个省区14所高职院校17538名大学生问卷调查发现,当代高职大学生在职业道德教育方面存在一些矛盾冲突。

1.高职大学生主体自我矛盾冲突

(1)高职大学生对职业道德价值认同感非常强与其对职业道德价值多元化认同之间的矛盾冲突(我们分析认为是高职大学生整体对职业道德价值认同一致性与不同个体对职业道德价值多元化判断并存,不存在冲突)。调查数据显示,当前有91%的高职大学生认为"职业道德是自己必备的素质,对自己未来的职业成功至关重要",说明大学生对职业道德重要性有正确的价值判断。但具体问到"职业道德所含的最重要内容"时,大学生认为排前三位的分别是"爱岗敬业,忠于职守""遵纪守法,诚实守信""勤奋努力,吃苦耐劳",所占比例分别是35%、35%和16%。91%的职业道德重要性高价值判断与最高35%的职业道德内涵多元价值判断形成显著差异,尤其是只有16%的大学生认为"勤奋努力,吃苦耐劳"是职业道德所含的最重要内容。这两种价值判断的显著区别(矛盾冲突),既反映了当代大学生人生价值观的多元化在职业道德价值判断上的表现,也反映了大学生对职业道德核心要素价值判断与职业道德重要内涵价值判断的矛盾冲突。面对这一情况,研究者和教育工作者既要肯定学生对职业道德高度认同的可贵品质，同时更要针对学生对职业道德具体内涵价值判断的多元化趋势加以正确引导，这种引导必须遵循的原则是，要更加符合企业对职业道德价值的要求。具体数据见表37。

表37　　高职大学生对职业道德重要性价值判断

问题描述	选项	占比(%)
你认为职业道德是自己的必备素质、对自己未来的职业成功至关重要吗？	A. 是的，对我的成长、成功很重要	91
	B. 对我有作用，但用处不大	8
	C. 跟我的成功几乎无关	1
你认为大学生职业道德所含的最重要的内容是	A. 爱岗敬业，忠于职守	35
	B. 遵纪守法，诚实守信	35
	C. 勤奋努力，吃苦耐劳	16
	D. 和睦互助，团结协作	14

(2)高职大学生对职业道德价值判断在单一选项和多项选择时存在矛盾冲突。调查数据显示，高职大学生在单一选项职业道德对自己未来职业的成功是否至关重要时，91%的大学生给予了肯定答复，只有1%的大学生不认同这样的观点；但是，当面临多项选择，当职业道德遇上职业技能或者遇到两者同时出现时，只有19%的大学生选择了职业道德对自己的职业发展道路更重要，77%的学生选择了"职业道德与职业技能两者缺一不可"。单一选项时91%的高百分比与多项选择时19%的低认同，形成非常显著的对比差异。这种显著差异既喜亦忧。喜的是大学生对职业道德的高度认同；忧的是大学生对职业道德在其职业生涯中的重要性并没有真正扎根于心，内化为其内心信念，当职业道德遇到职业技能时，职业道德不再成为其最重要的选择。这就提醒我们教育工作者，要认清这一形势，了解学生对职业道德价值判断的深层次表达，从解决学生内心真实想法入手，有的放矢地加强对学生职业道德价值观教育，这样才能让职业道德深入学生思想和灵魂，变成其内心信念。具体数据见表38。

表38　　高职大学生对职业道德重要性判断

问题描述	选项	占比(%)
你认为职业道德是自己的必备素质、对自己未来的职业成功至关重要吗？	A. 是的，对我的成长、成功很重要	91
	B. 对我有作用，但用处不大	8
	C. 跟我的成功几乎无关	1

续表

问题描述	选项	占比(%)
你认为在职业发展的道路上以下哪个对你更重要?	A.职业道德	19
	B.职业技能	4
	C.职业道德与职业技能两者缺一不可	77

2.高职大学生与学校之间认知方面的矛盾冲突

(1)高职大学生对职业道德重要性高度认同与学校对大学生职业道德教育重视程度一般之间的矛盾冲突。调查数据显示,高职大学生对职业道德重要性有高达91%的认可度,但同时只有68%的学生认为他们学校重视大学生职业道德教育,32%的学生认为学校对大学生职业道德教育重视度一般或根本不重视。只有不到七成的学校对大学生职业道德教育重视显然与91%的学生对职业道德教育的高度重视不相匹配,这种不匹配与国家高度重视高职人才培养的大趋势和企业对高素质人才的急需也是不协调的。"以学生为本","德育为先,把立德树人作为高校的根本任务",国家一再发布各种文件三令五申,但真落实到具体工作时,学校往往以各种理由将"立德树人"根本任务搁置一边。国家、各省主管部门必须在高度重视教学、创业和技能培养的同时,将人才培养的重要内容(德育,尤其是职业道德教育)放在更加重要的位置来抓,必须列入高职院校重大工作(比如优质校、特高校建设等)评审的重要指标。只有这样,才能从根本上解决高职院校不重视大学生职业道德教育问题。具体数据见表39。

表39　学生对职业道德重要性与学校对大学生职业道德教育重视程度对比

问题描述	选项	占比(%)
你认为职业道德是自己的必备素质、对自己未来的职业成功至关重要吗?	A.是的,对我的成长、成功很重要	91
	B.对我有作用,但用处不大	8
	C.跟我的成功几乎无关	1
你认为学校重视对大学生职业道德教育吗?	A.重视	68
	B.有教育,但重视度一般	30
	C.不重视	2

(2)学生对学校大学生职业道德教育整体评价不高与其对职业道德教育的热切期待之间形成鲜明反差(我们觉得两者在逻辑上是一致的,不矛盾)。调查数据显示,高职大学生对学校大学生职业道德教育整体评价不高主要表现在学校开展大学生职业道德教育情况和学生对学校开设大学生职业道德教育相关课

程评价都不高等方面。但高职大学生对职业道德在未来职业生涯中的作用，91%的学生是高度认同的，92%的学生建议从大一就应接受职业道德教育，说明学生对职业道德教育是充满期待的。91%的学生对职业道德教育认同和期待与只有不到七成的学校对大学生职业道德教育重视和41%的学生认为职业道德教育比较系统丰富形成鲜明对照。解决这一矛盾的关键就是学校要高度重视大学生职业道德教育，并采取多种手段和通过多种途径加以解决。具体数据见表40。

表40　高职大学生对学校职业道德教育效果等评价

问题描述	选项	占比(%)
你对当前学校职业道德教育的总体感觉是	A. 比较系统丰富	41
	B. 有一点，但很零乱	41
	C. 好像没有开展	18
你喜欢学校开设的职业道德教育相关课程吗？	A. 喜欢	47
	B. 较喜欢	31
	C. 一般	19
	D. 不喜欢，这些教育很虚、走形式	3
你认为职业道德是自己的必备素质、对自己未来的职业成功至关重要吗？	A. 是的，对我的成长、成功很重要	91
	B. 对我有作用，但用处不大	8
	C. 跟我的成功几乎无关	1
你认为对大学生进行职业道德教育应该	A. 从大一开始	92
	B. 从大二开始	7
	C. 从大三开始	2

(3)高职大学生对职业道德教育的高度认同与高职大学生实际获得的职业道德知识和体验较少构成一对现实冲突(我们觉得两者在逻辑上是一致的，不矛盾)。91%的高职大学生认为职业道德对其未来职业发展至关重要，但只有44%的高职大学生能够掌握相关的职业道德知识和基本要求。高职大学生对职业道德的高度认同与实际掌握获得知识一般形成鲜明对照。解决这一矛盾的关键，必须通过教育工作者的积极努力与学生的主动学习相结合才能完成。具体数据见表41。

表 41　高职大学生对职业道德重要性与职业道德课程获得感对比

问题描述	选项	占比(%)
你认为职业道德是自己的必备素质、对自己未来的职业成功至关重要吗?	A. 是的,对我的成长、成功很重要	91
	B. 对我有作用,但用处不大	8
	C. 跟我的成功几乎无关	1
通过学校的职业道德教育课程,你是否对职业道德的相关理论知识、社会主义职业道德的基本要求已经有所掌握?	A. 掌握很好	44
	B. 掌握一般	52
	C. 掌握很少,或者根本没有掌握	4

3. 高职大学生与企业管理者在职业道德价值判断方面的不一致

高职大学生对职业道德重要内容价值判断与企业管理者看重的职业道德品质不一致。调查数据显示,高职大学生认为职业道德最重要的道德品质呈多元化趋势,认同“勤奋努力,吃苦耐劳”的仅占16%,排在第三位;而在另一份企业管理者调查问卷中,企业管理者认为当前高职大学生职业道德品质最突出的缺点,“缺乏吃苦耐劳的工作作风”占50%,排第二位。对同一职业道德品质“吃苦耐劳”,16%的大学生认同重要和50%的企业管理者认为大学生最缺乏,说明当代大学生非常缺乏企业所需求的“吃苦耐劳”道德品质。这组数据从另一方面也能说明,为什么企业那么需要“用得上,留得下,靠得住”的高素质人才而“求而不得”,因为“吃苦耐劳的工作作风”是企业对人才的根本需求。具体数据见表42。

表 42　高职大学生与企业管理者对职业道德内容认同度对比

问题描述	选项	占比(%)
你认为大学生职业道德所含的最重要的是	A. 爱岗敬业,忠于职守	35
	B. 遵纪守法,诚实守信	35
	C. 勤奋努力,吃苦耐劳	16
	D. 和睦互助,团结协作	14
您认为刚毕业大学生在职业道德方面最突出的缺点是(限选三项)	A. 缺乏认真踏实的工作态度	64
	B. 缺乏吃苦耐劳的工作作风	50
	C. 好高骛远、眼高手低、轻易放弃的行事作风	33
	D. 缺乏合作共事的团结意识	23
	E. 缺乏虚心好学、尊敬前辈的谦虚态度	15
	F. 缺乏守时、诚信的个人品质	3
	G. 其他	3

4.对策与建议

本次全国高职大学生问卷调查范围广，涉及的内容也多，比较集中地反映出当前高职院校在大学生职业道德教育工作中存在的主要问题和高职大学生在职业道德认知方面存在的主要问题。如何解决这些问题？既需要投入人财物和时间精力，更需要学校用智慧和教师付出情感情怀来解决这些问题。因为大学生职业道德教育不仅是一门理论课，更是一门实践课，只有形成良好的职业道德信念，职业道德教育才能有效果，才能将职业道德相关知识通过实践内化于心，指导、影响学生未来的职业生涯。具体对策建议如下：

(1)重视大学生职业道德教育必须从源头抓起

之所以出现高职大学生对学校职业道德教育整体评价不高的现象，与国家对高职院校进行大学生职业道德教育的要求不够有直接的关系。我国高职教育发展到现在，才不过20年的时间，这20年的高职发展经历了从规模扩张到内涵发展的重要时期。在这20年间，我国高职质量得到非常充分的发展，无论是专业建设、课程设置、资源库建设，还是技能培养等各个方面都有了长足发展。但在超常规发展的同时，高职教育也忽略(无意识弱化)了对学生一些最珍贵或最重要的品质的培养，比如社会责任、民族复兴、职业理想的唤醒等，而是更多关注技能训练和培养。自从高职教育在中国兴起发展以来，教育部作为国家负责教育的重要职能部门，不可谓不重视，每年下发的各种文件中都有高职教育要把“立德树人”作为高职院校根本任务来抓的要求，但多是面上要求，缺乏最具体的要求和考核标准。本调查负责人以前曾被安排给学生上过职业道德教育专题课，但2003年不知什么原因职业道德教育课程或职业道德教育专题课被取消了。现在普遍的做法是，把大学生职业道德教育内容融合在“大学生思想品德与法律基础”课程中，但内容不到该课程的5%。就是这点内容，不同的教师授课时也因不同的理解而忽略(本调查就学生职业道德教育问题从另一维度——教师做了问卷调查)，其效果可想而知。针对这些问题，具体建议如下：

第一，教育部要修改完善相关文件，将大学生职业道德教育在高职院校人才培养中的地位和作用具体规定，并把高职院校必须开设专门大学生职业道德教育课作为硬性规定。

第二，各高职院校应结合本地、本校实际情况，建立“学校主导，企业参与，行业融合”的协同育人机制，共同就大学生的职业道德教育分工协作，将大学生职业道德教育工作落到实处。

第三，各高职院校必须高度重视大学生职业道德教育，设立专门机构或在原有相关部门中增列大学生职业道德教育整体规划、职责，制定包括大学生职业道德教育职能责任划分、具体措施、考核评价体系等主要内容的实施方案，并统一协调组织统筹该项工作。

第四,高度重视大学生职业道德教育师资选拔和培养,建立一支以学校为主、企业参与的专兼职教师队伍,优先聘任有企业管理经验和师德口碑好的优秀教师作为这支队伍的主力。

(2)高职院校必须遵循职业道德教育规律,统一谋划,多管齐下,采取多种措施,使学生将职业道德知识内化于心,外化于行

第一,学校统一建构大学生职业道德教育的七大模块:①组织模块,包括学校、企业、行业合作组织模块(也可与专业结合对接),学校内部设组织协调部门;②理论教学模块,包括设置专门大学生职业道德教育课程(整合学校散见于思想品德基础课、职业规划、心理健康课、就业指导等课程中的职业道德教育有关内容),并在专业课程中融合职业道德教育内容等;③日常教学、学生管理等行为模块;④教师队伍建设模块,包括学校专职教师队伍和企业行业人员兼职教师队伍等;⑤实践实训模块,包括社会实践、志愿者活动和校内实训课等;⑥学校"三全"育人模块;⑦考核评价体系模块。

第二,设置专门大学生职业道德教育课程,结合学校专业和行业特点,编写统一教材,使学生在大学就获得比较系统的职业道德知识。

第三,发挥榜样的作用,时刻激励学生见贤思齐,让敬业爱岗、精益求精、不懈追求的大国工匠精神和责任担当成为学生的共同追求和努力方向,激励他们成长。

(3)加强劳动教育,培养学生正确的劳动价值观,让吃苦耐劳成为学生的价值认同

第一,劳动教育必须"从娃娃抓起"。首先,从家庭教育抓起。父母是孩子的第一任教师,家庭是孩子行为养成和价值观形成的最重要环境。无论身心,孩子的问题实际上是父母及大家庭的问题,非常赞同 2019 年全国教育工作会议上教育部部长陈宝生发出的"父母也要接受教育"的倡议,家长必须树立正确的育儿观。其次,从幼儿园抓起。孩子就是一块璞玉,怎么雕琢全看工匠(教师)的"刀工",教师要舍得"动刀",立规矩,讲方法,从小培养孩子的独立、热爱劳动、团结互助等好的品质。

第二,大学从入学教育抓起,鼓励学生勤奋努力,只有吃苦耐劳才能成就大学生精彩人生。一定要抓住大学生刚踏入大学校门时好奇求胜的心理憧憬期,从专业介绍到学生日常管理和教学管理,从日常行为规范到文化熏陶,从纪律约束到榜样激励等等,多管齐下,齐头并进,将吃苦耐劳精神灌输进学生头脑,牢记于心,落实于行。

第三,遵循教育规律和职业道德教育规律,将吃苦耐劳精神培养落实到学生

日常学习生活中。一是必须与学生日常行为规范相结合，将学生宿舍作为培养劳动观念和习惯的重要载体和阵地，将内务卫生作为抓手，常抓不懈。二是有条件的学校面向全体学生开设劳动课，并作为必修学分，贯穿大学三年学习生活全过程。三是把社会实践和校内实训作为培养学生劳动观念的重要手段，把劳动态度和敬业精神作为评价的重要指标。四是必须建立一套完整、系统、多角度的学生职业道德考核评价体系，并把劳动观念和态度作为重要内容考核，作为毕业的必要条件。

(三)企业管理者和职员调查问卷发现的问题及建议

企业作为大学毕业生的主要接受单位和“使用者”，他们对人才标准和人才培养质量有着绝对发言权。企业管理者和职员构成企业的责任主体，从这两个视角去研究分析大学生职业道德教育状况，将会非常有意义。通过比较企业管理者和职员对同一问题的回答，发现他们之间既存在一致性认同，也存在一定的差异，通过分析比较这种一致性或差异性，我们能够看到企业不同责任主体(管理者和职员)视角下的不同认知，分析其原因，能够找到一些问题背后更为深层次的东西。这种比较研究分析，无论对高校的大学生职业道德教育工作者还是社会职业道德研究者和企业管理者都有一定的理论和实践指导意义。

大量调查数据表明，企业管理者和职员虽然都是企业的责任主体，但因为在企业扮演的角色或承担的工作不同，或者因其在企业所处的位置不同(管理者是决策层，在企业有一定决定权；职员属于执行层，在企业是“被管理者”)，他们对同一问题的看法会存在一定的差异。这种差异分析能够让我们多一种角度去看问题和分析问题，能够为更全面深入地制定政策提供有价值的帮助。

企业管理者和职员在以下方面看法比较一致：

(1)对于企业职业道德状况，两者看法基本一致，但管理者认为职业道德受社会影响更大。职业道德是社会主义核心价值观体系的重要组成部分，也是人作为“社会人”扮演不同角色时必须遵守的社会道德的重要组成部分。改革开放以来，由于受国内外多种因素的影响，我国在道德建设方面存在许多问题，比如价值观趋于功利化等等，因此必须在深化改革的同时，高度关注并着力解决好社会道德、职业道德等方面存在的问题，才能建设成物质文明与精神文明高度统一的国家。社会道德、家庭道德和职业道德是密切联系、互相影响、相关度较高的三个因子。对企业职业道德状况，企业管理者和职员的看法基本一致，他们都认为这与大环境社会道德风气不好、小环境企业不重视职业道德建设、职工本身素质不高密切相关，但管理者认为社会道德风气对社会职业道德的影响比职员认为的更大，高出12.5个百分点。具体数据见表43。

表 43　企业管理者和职员认为影响职业道德的因素对比(%)

选项	管理者	职员
A. 某些企业重利忘义	7.8	6.6
B. 受社会道德风气不好影响	43.5	31.0
C. 学校教育不够	7.0	10.9
D. 企业不重视职业道德建设,职工素质差	15.7	16.9
E. 法律法规不健全,约束力不够	12.2	13.5
F. 其他	13.9	21.2

(2)对职业道德靠什么起作用,企业管理者和职员认识高度一致。调查数据显示,两者赞成职业道德归根结底是由内心信念和企业规章制度共同发挥作用,管理者和职员在这一问题的认识上表现出高度的一致性。近六成管理者和职员认为职业道德是靠内心信念起作用,三成多的管理者和职员认为依靠规章制度才能使人遵守职业道德。具体数据见表 44。

表 44　企业管理者和职员认为职业道德靠什么起作用对比(%)

选项	管理者	职员
A. 社会舆论	3.5	6.1
B. 传统习俗	2.6	2.9
C. 内心信念	59.1	59.8
D. 规章制度	34.8	31.2

(3)两者对职业道德核心素质认知高度一致。调查数据显示,企业管理者和职员都认为,构成职业道德诸方面中,最根本、最核心的方面主要有职业态度、职业良心和职业理想。这种结果可能是企业管理者主要围绕对完成工作任务的重要性进行排序的。高校与企业不同,高校在进行大学生职业道德教育时,往往根据人的思想认识规律和教育规律,按重要性排序一般应该是:职业理想、职业良心和职业态度。企业与高校对职业道德因素重要性的排序之所以反差这么大,是因为两者对教育对象(被管理者)所赋予的责任不同。企业和高校虽然对职业道德因素重要性排序有所不同,但这不是本质上的不同,只是因社会所赋予两者的责任和在社会中的位置不同而已,无论顺序如何,其具体内容和要求是一致的。具体数据见表 45。

表 45　　企业管理者和职员认为职业道德因素重要性对比(%)

选项	管理者	职员
A. 职业理想	7.8	10.6
B. 职业态度	66.1	44.8
C. 职业技能	5.2	7.1
D. 职业良心	13.0	18.0
E. 职业荣誉	1.7	1.1
F. 职业作风	3.5	4.2
G. 职业义务	2.6	1.3
H. 其他	0	2.9

(4)两者对职业道德核心内容认同感非常一致。调查数据显示,企业管理者和职员在职业道德主要内容认知方面,排前三位的是“爱岗敬业”“诚实守信”和“有合作意识,大局观念强”,而且认知程度也非常一致。具体数据见表 46。

表 46　　企业管理者和职员对职业道德主要内容认知对比(%)

选项	管理者	职员
A. 爱岗敬业	41.7	43.9
B. 诚实守信	26.1	20.6
C. 办事公道	0.9	4.8
D. 服务群众	0	1.6
E. 奉献精神	4.4	4.2
F. 有合作意识,大局观念强	20.0	14.6
G. 不墨守成规、敢于创新的拼搏精神	2.6	4.2
H. 不怕挫折、不随意放弃的行为方式	3.5	4.2
I. 其他	0.9	1.9

(5)两者对高职院校是否应更加重视职业道德教育看法一致。调查数据显示,企业管理者和职员认为,高职院校与普通本科院校都应重视大学生职业道德教育,虽然学校类别不同,但是最终培养的学生都是要走上社会的,这就需要具有较高的职业道德,所以,大多数企业管理者和职员认为,大学生职业道德教育不应是高职院校的“专利”,但还是有近三成的人选择了高职院校比普通本科院

校更应该重视大学生职业道德教育。在第三选项“都应该重视”中,实际暗含了高职院校应该重视大学生职业道德教育工作,加上第一选项特别强调“高职院校更应该加强大学生职业道德教育”,实际赞同高职院校重视大学生职业道德教育的应该是两项之和,管理者和职员都在95%以上。稍有区别的是,企业管理者认为高职院校比普通本科院校更应重视大学生职业道德教育,其认同度比职员高出5.8个百分点。具体数据见表47。

表47　高职院校是否比普通本科学校更应重视职业道德教育情况对比(%)

选项	管理者	职员
A. 是	29.6	23.8
B. 不是	3.5	5.0
C. 都应该重视	67.0	71.2

(6)两者对进行职业道德教育的时机看法基本一致。职业道德教育应该何时进行比较好?调查数据显示,对这一问题的回答,企业管理者和职员的看法基本一致,他们都认为“大学和职场中都应进行”和“必须在大学里进行,为入职提前做好准备”。但管理者和职员对这两项选择的认同度有比较大的差异,选择“大学和职场中都应进行”的管理者比职员认同度高出15.6个百分点,而选择“必须在大学里进行,为入职提前做好准备”的职员比管理者认同度高出6.2个百分点。具体数据见表48。

表48　企业管理者和职员认为进行职业道德教育的时间对比(%)

选项	管理者	职员
A. 必须在大学里进行,为入职提前做好准备	20.0	26.2
B. 入职后在岗位上受教育,自然就会养成	3.5	11.4
C. 大学和职场中都应进行	73.0	57.4
D. 没考虑过	0.9	2.7
E. 其他	2.6	2.4

企业管理者和职员对以下问题的看法存在差异:

(1)对社会职业道德状况评价,管理者高于职员。调查数据显示,当前社会职业道德基本情况,在评价选项中,认为“好”的管理者和职员基本一致,但评价“比较好”的管理者比职员高出11.4个百分点,而评价“比较差”和“极差”的职员比管理者高出4.8个百分点。管理者对社会职业道德评价高于普通职员。具体数据见表49。

表 49　企业管理者和职员对社会职业道德状况评价对比(%)

选项	管理者	职员
A. 好	19.1	18.8
B. 比较好	46.1	34.7
C. 一般	33.0	40.0
D. 比较差	0.9	4.5
E. 极差	0.9	2.1

(2)职业道德对自己职业生涯的作用,企业管理者和职员的认同度存在显著差异。调查数据显示,共有 97.4%的管理者认为职业道德对其就业和职业发展的作用“非常大”或“比较大”,比职员这两项数据之和(82.8%)高出 14.6 个百分点,两者在职业道德对其职业生涯作用认同度方面存在比较大的差异。具体数据见表 50。

表 50　企业管理者和职员认为职业道德对其就业和职业发展作用对比(%)

选项	管理者	职员
A. 非常大	60.9	40.5
B. 比较大	36.5	42.3
C. 不大	0.9	7.9
D. 没考虑过	1.7	9.3

(3)在选人标准问题上,企业管理者和职员存在较大差异。调查数据显示,在选人方面,管理者和职员排第一位的都是“因岗位需求而定,不唯学校、学历”,但管理者的认同度(42.6%)比职员的认同度(30.4%)高出 12.2 个百分点;对“看重学历,研究生最好,本科次之,高职最后”选项,管理者认同度只有 3.5%,而职员认同度竟高达 20.4%,两者相差 16.9 个百分点。对选人标准问题,在学历方面管理者和职员之所以有这么大的认知差异,一方面,主要是两者在企业不同职位决定的,这种差异既是因为所处位置不同,也可能因为所表现出的行为与认知存在一定误差。管理者可能从认知上认为企业选人应更注重人品和能力,但在选人时企业又对求职者设置许多毕业学校、学历方面的条件,给职员造成一种错觉:学历越高越好就业。另一方面,社会舆论导向和一些企业对求职者设置过高的学历条件,比如,本科是基本门槛,研究生优先,或只招收“985”“211”高校毕业生等等,这些社会舆论和身边的例子给人造成一种印象:学历越高越好就业。所

以,由于管理者和职员在企业所处位置不同,加之社会舆论和一些企业的错误做法,造成两者在选人标准问题上在学历方面存在显著差异。具体数据见表51。

表51　企业管理者和职员选人标准认同度对比(%)

选项	管理者	职员
A. 看重学校,非“985”“211”高校毕业不要	0	0.8
B. 看重学历,研究生最好,本科次之,高职最后	3.5	20.4
C. 因岗位需求而定,不唯学校、学历	42.6	30.4
D. 英雄不问出处,主要看毕业生的综合素质和能力	29.6	27.3
E. 更加看重求职者的人品道德	20.9	21.2
F. 更加看重求职者的技术技能	3.5	0

(4)在用人标准方面,企业管理者和职员存在显著差异。调查数据显示,在用人标准方面,认为“做人第一,德才兼备”的管理者比职员高出13.3个百分点,而“根据岗位不同确定用人标准”选项职员比管理者高出11.5个百分点。数据说明,企业用人更注重做人,管理者对职业道德认同感比职员更高,而职员认为企业用人更看重实际。调查数据显示,两者在用人标准方面也存在显著差异。具体数据见表52。

表52　企业管理者和职员用人标准对比(%)

选项	管理者	职员
A. 做人第一,德才兼备	58.3	45.0
B. 技能为先,兼顾品德	4.4	6.6
C. 做人与专业(技能)并重	29.6	24.3
D. 根据岗位不同确定用人标准	7.8	19.3
E. 其他	0	4.8

(5)两者对高职大学生职业道德素质最突出的缺点看法存在较大差异。调查数据显示,企业管理者认为当代大学生职业道德素质最突出的缺点排前三位的分别是:“缺乏认真踏实的工作态度”,占比64.3%;“缺乏吃苦耐劳的工作作风”,占比49.6%;“好高骛远、眼高手低、轻易放弃的行事作风”,占比33%。企业职员认为当代大学生职业道德素质最突出的缺点排前三位的分别是:“缺乏吃苦耐劳的工作作风”,占比80.4%;“缺乏认真踏实的工作态度”,占比76.5%;“好高骛远、眼高手低、轻易放弃的行事作风”,占比50.8%。首先,两者对大学生职业道德素质最突出的缺点出现分歧,在第一、第二项排序上两者正好相反。

其次，他们对同一选项认知程度也存在显著差异。管理者认为大学生职业道德素质最突出的缺点是“缺乏认真踏实的工作态度”，而职员认为是“缺乏吃苦耐劳的工作作风”，工作态度和工作作风都是职业道德素质的重要核心内容，但工作态度更根本，是基础，工作作风是工作态度的具体体现。两者对大学生职业道德素质最突出的缺点第三位以后看法基本一致。具体数据见表 53。

表 53　企业管理者和职员认为大学生职业道德素质最突出的缺点(多选)对比(%)

选项	管理者	职员
A. 缺乏认真踏实的工作态度	64.3	76.5
B. 缺乏合作共事的团结意识	22.6	39.7
C. 缺乏吃苦耐劳的工作作风	49.6	80.4
D. 缺乏虚心好学、尊敬前辈的谦虚态度	14.8	32.3
E. 缺乏守时、诚信的个人品质	2.6	9.8
F. 好高骛远、眼高手低、轻易放弃的行事作风	33.0	50.8
G. 其他	3.4	1.1

(6)对刚入职大学毕业生职业道德评价，两者有比较大差异，职员评价高于管理者。调查数据显示，企业管理者对刚入职大学毕业生职业道德总体情况认为“好”或“比较好”的合计占比 53.9%，职员认为“好”或“比较好”的合计占比 61.3%，职员比管理者高出 7.4 个百分点，其中认为“好”的职员比管理者更是高出 10.2 个百分点。具体数据见表 54。

表 54　企业管理者和职员对刚入职大学生职业道德总体评价对比(%)

选项	管理者	职员
A. 好	10.4	20.6
B. 比较好	43.5	40.7
C. 一般	42.6	37.3
D. 比较差	2.6	0.8
E. 极差	0.9	0.5

(7)在职业道德对大学生就业与职业发展的重要性问题上，企业管理者和职员认识比较一致，但在程度上存在显著差异。调查数据显示，管理者和职员认为职业道德对大学生就业与职业发展的影响“非常大”或“比较大”，两项合计占比

分别是 95.7%和 84.7%,管理者比职员认同度高出 11.0 个百分点,管理者比职员更认同职业道德对大学生就业与职业发展的影响。具体数据见表 55。

表 55　企业管理者和职员认为职业道德对大学生就业与职业发展的影响对比(%)

选项	管理者	职员
A. 非常大	52.2	45.8
B. 比较大	43.5	38.9
C. 不大	3.5	5.3
D. 不大清楚	0	5.8
E. 没考虑过	0.9	4.2

(8)企业管理者和职员在职业素质、能力主要构成要素方面表现出一致性,但在次要构成要素方面存在比较大的分歧。职业生涯中必须具备的素质和能力有哪些?调查数据显示,管理者认为排在第一、第二位的职业素质、能力分别是职业道德素质(占比 32.2%)、执行力(占比 21.7%),职员认为排在第一、第二位的职业素质、能力分别是职业道德素质(占比 38.1%)、执行力(占比 15.9%)。但对第三位的职业素质、能力,管理者认为是自我学习能力(占比 21.7%),职员认为是沟通能力(占比 12.2%)。对于职业道德素质、能力构成,管理者和职员的看法表现出高度的一致性,两者都把职业道德素质排在第一位,这从另一侧面证明,职业道德是企业选人用人时考虑的第一要素,所以职业道德对大学生就业和职业生涯发展是最为重要的影响因素。具体数据见表 56。

表 56　企业管理者和职员认为职业素质、能力构成要素对比(%)

选项	管理者	职员
A. 业务能力	7.0	10.3
B. 沟通能力	9.6	12.2
C. 创新能力	6.1	6.6
D. 执行力	21.7	15.9
E. 职业道德素质	32.2	38.1
F. 良好的心理素质	1.7	7.9
G. 自我学习能力	21.7	9.0

通过上面对大量调查数据的分析，我们可得出以下结论和建议：

(1)企业管理者和职员对社会职业道德状况评价一般，主要原因是受社会上一些不良风气影响，解决这一问题必须“软硬兼施”，双管齐下。一方面，要加强社会主义核心价值观教育，弘扬正气，惩恶扬善，坚决惩治腐败，让权力在阳光下运行，真善美在社会上行走，邪恶无处遁形。职业道德的改善和净化有赖于社会风气的改善，社会风气好转要循序渐进，不能急于求成，要人人参与并身体力行，这样社会风气才能慢慢好起来。另一方面，必须加快推进我国政治体制改革和依法治国进程，简政放权，优化政治环境，加强国家宏观调控，让依法治国、依章办事成为单位、部门、个人必须遵守的行为准则，让权力无法寻租；加大依法惩治腐败力度，构建不敢腐、不能腐的体制机制。通过“软硬”两方面齐心发力，我国的社会风气会有大大改善，与此密切相关的社会道德、家庭道德和职业道德都会得到改善和提高。

(2)加强职业道德教育最终要靠“内外双合力”才能达到预期效果。职业道德具有一般道德的共性，即实践性，职业道德的实践性决定了其要想发挥作用必须符合心理学一般行为的特点，即必须经过“知、情、意、行”四个环节才能完成职业道德从认知到行动落实的过程。调查数据也显示，企业管理者和职员都高度认可，职业道德教育必须靠内心信念和法律规章制度约束才能起作用。内心信念的形成是支撑一个行为形成的原动力，由知、情、意三个环节共同促成；法律规章制度是职业道德在履行职责过程中行为能力的必要保障。只有在内心信念的强大支持和法律规章制度的约束保障下，职业道德作用的发挥才能持久而稳固。无论是高校对大学生进行职业道德教育还是企业对职工进行职业道德教育，都必须遵循“内外双合力”作用，才能使职业道德发挥持久而高效的作用。内心信念的巩固使受教者——大学生和企业职工，从职业道德认知到情感认同产生共鸣，再到巩固认知、强化情感，一直到固化为内心强烈信念，高校和企业都要遵从职业道德教育规律，从认知到情感到固化于内心信念上下功夫。同时，必须结合高校学生实际和企业职工实际，用制度约束，共同发力，以发挥职业道德教育最大效力。

(3)职业态度既是职业道德的核心素质，也是决定一个人事业是否成功的关键。态度决定一切。态度是对事情的看法和采取的行为。职业态度是职业人对待工作的认知和在工作中采取行动的所有表现的总和。人的能力有大小，但职业态度是最根本和关键的职业素质，只有职业态度端正，对所从事职业认同感强，能力才能持久发挥，遇到困难才能想办法克服而不是怨天尤人，逃避责任。职业态度一般通过认真做事、勤勉努力、精益求精、忠于职守等状态表现出来。因此，高校进行大学生职业道德教育必须从职业态度抓起，而大学里与职业态度有关的行为养成，应该从培养大学生的诚信、践诺、认真、刻苦、守时等日常学习、生活习惯抓起。在校内实训和社会实践活动环节，要紧密结合与职业道德相关度较高的职业道德素质,强化学生遵守职业道德规矩和社会道德规范意识,比如认真踏实、吃苦耐劳、持之以恒的工作作风等等。这样的教育和培养,才能成就大学生个人职业发展,为企业输送高素质人才,为国家培养合格建设者。

(4)职业道德认同感与职业发展成正相关,即对职业道德认同感越高,其职业发展程度就越高。调查数据显示,企业管理者和职员对于职业道德对自己就业和职业发展的作用认识非常一致,都认为作用非常大。但两者对其作用的重要程度认识有显著差异。一方面,管理者认为职业道德对自己就业和职业发展的作用比职员高出 20 个百分点,对大学毕业生就业和职业发展的作用评价高出职员 7 个百分点;另一方面,管理者对刚入职大学毕业生职业道德状况评价比职员低 10 个百分点。这种显著差异说明,职业道德确实对人的职业发展起着决定性作用。而管理者对刚入职大学毕业生职业道德评价一般,从另一侧面说明,高校的大学生职业道德教育状况不容乐观,其培养的大学生不能满足企业发展的需要,更谈不上为社会培养高素质建设者和接班人了。职业道德是单位选人用人时考虑的第一要素,德不配位,才能越大企业越不敢委以重任,因为这样的人破坏力更强。帮助美国破解中国北斗定位导航编码系统、让中国损失惨重的清华大学高才生高杏欣就是极好的例证。管理者比职员站位更高,看问题更全面、更深刻,所以他们对职业道德认同度更高。谁越早认识到职业道德在职业生涯中的作用并在工作中践行,谁的职业生涯就越顺畅,发展越好。经济越发展,科技越进步,社会文明程度越高,职业道德就越重要。

(5)职业道德教育是高校和企业都必须进行的一项工作。职业道德是发生于工作过程中的一种对职业伦理的必然要求。作为企业,只要存在职业行为的地方就必须进行职业道德教育,以时刻提醒、激励、警示职员恪守职业道德,为企业作出更大贡献。高校作为培养“准职业人”、社会主义接班人和建设者的重要阵地,必须让大学生提前接受有关职业道德相关内容,并结合学生日常教育教学管理工作,寻找职业道德教育与学校日常管理工作的契合点,用制度规定加以约束,用榜样模范力量激励,用文化熏陶,持之以恒地把道德教育放在首位,真正落实“立德树人”“德育首位”教育方针,让学生遵守道德从无意识到认知提高、情感认同、积极向往,并以强大的内心信念转化为自己的行为,最后成为一种自觉自省的习惯,为就业和职业发展铺路搭桥,乘势而飞。

身份不同,看问题的角度就不同。通过分析企业管理者和职员对一些问题的不同看法,我们能够更深入地对职业道德的作用进行研究和分析,并就职业道德教育工作提出一些建议。这种对不同角色视域下的比较分析和研究将对我国职业道德建设工作十分有益。

高职院校大学生职业道德教育现状调研报告（大学生卷）

——以山东省三所高职院校为例

为全面了解高职院校大学生职业道德教育状况，发现问题，研究对策，以培养优秀的复合型高素质技能型人才，我们决定从在校大学生、高职院校教师、职员（已毕业大学生）、企业管理者四个维度对高职院校大学生职业道德教育状况进行问卷调查，以获得第一手资料。本次问卷调查是从在校大学生角度，选取了山东省有代表性的三所高职院校进行的网络问卷调查。

本次调查所有数据都是采集的原始数据，真实有效。

一、调查的基本情况

本次高职院校大学生职业道德教育调查时间是2018年6月底至7月初，采取网上问卷调查的形式进行，调查对象分别为山东商业职业技术学院（全国示范校）、青岛职业技术学院（山东省骨干校）和山东城市建设职业学院的学生。共发放问卷1100份，回收有效问卷1043份，有效收回率95%，广大学生积极配合了此次调研工作。

调查对象从学生年级来看，2016级学生306人（占比29%），2017级学生734人（占比71%）；从性别来看，男生551人（占比53%），女生492人（占比47%）；从文理科看，文科生280人（占比27%），理科生763人（占比73%）。所选调查对象很大程度上能够代表高职院校大学生的思想状况，具有广泛的代表性。

二、问卷设计

问卷分五部分共计25题,其中选择题24个,开放题1个。第一部分是大学生对职业道德的认知及基本价值判断,第二部分是大学生对职业道德内容的认知,第三部分是大学生对职业道德教育的态度,第四部分是大学生对学校开展职业道德教育的态度及评价,第五部分是一道开放题——学生对学校开展职业道德教育的建议。

三、调研内容及结果

本次调查用于结论性评价术语及等级有五个等级:好(强)、较好(强)、一般(一般强)、较差、极差。五个等级划分标准分别是:90%及以上为"好(强)",75%～89%为"较好(强)",60%～74%为"一般",45%～59%为"较差",45%以下为"极差"。具体调查情况及结果如下:

(一)高职院校大学生对于职业道德重要性的认知

1.被调查学生对当前社会职业道德状况比较认可。职业道德是每个从事职业的人在工作或劳动过程中所应遵循的、与其职业活动紧密联系的道德规范的总和。当被问到认为当前社会劳动者的职业道德状况如何时,大部分学生对当前中国的职业道德现状还是比较肯定的,回答"很好"的占33%,"比较好"的占39%,两项合计占72%;认为"一般"的占27%;只有1%的学生认为当前社会职业道德状况"很差"。具体数据见表1。

表1　　高职大学生对社会职业道德评价情况

选项	选择人数	占比(%)
A.很好	341	33
B.比较好	403	39
C.一般	288	27
D.很差	11	1

2.被调查学生对获得成功必须恪守诚信和勤劳观念认同占比不到五成。"成功=正确的思想方法+信念+行动"。当被问到当今社会是否只有恪守诚信和勤劳才能成功时,只有43%的学生表示认可,53%的持观望态度,还有少部分

学生（占 4%）认为这种观念并不符合当代社会，已经过时了，持观望和过时态度的共占 57%。新时期，学生的价值观随时代发生了很大变化，传统的诚信和勤劳观念受到一定冲击和质疑，必须引起教育主管部门、教育者和政府等有关部门的高度重视。具体数据见表 2。

表 2　高职大学生对当前社会只有恪守诚信和勤劳才能成功认同情况

选项	选择人数	占比（%）
A. 是的，我相信	454	43
B. 不一定吧，有的时候看机遇和头脑	548	53
C. 可以灵活变通，固守诚信反而迂腐；现在要靠脑子和技术挣钱，跟勤劳无关	41	4

3. 被调查学生七成以上认为职业道德和职业技能在自己职业发展中两者缺一不可。数据显示，九成多的学生认为职业道德在自己职业发展中的作用是非常重要的。

无论是做什么样的工作，有能力做好本职工作才是最重要的。很多时候一个人的职业生涯的发展是从做好本职工作开始的。调查数据显示，当被问到对于职业生涯中职业道德和职业技能哪个对自身更重要的时候，22%的学生认为职业道德更重要，72%的学生认为两者缺一不可，只有 6%的学生认为职业技能更根本。具体数据见表 3。

表 3　职业道德与职业技能哪个更重要

选项	选择人数	占比（%）
A. 职业道德	228	22
B. 职业技能	61	6
C. 两者缺一不可	754	72

4. 高职院校大学生对职业道德在未来职业发展中的价值认同感非常高。职业道德是一个人职业生涯上的必备素质，对自己未来的职业成功至关重要，89%的学生认为“很重要”，有 10%的学生认为对自己“作用不大”，还有 1%的学生认为“几乎无关”，职业道德的观念还没有深入每一位大学生心中。具体数据见表 4。

表 4　　高职大学生对职业道德在未来职业发展中的价值认同感

选项	选择人数	占比(%)
A. 是的,对我的成长、成功很重要	932	89
B. 对我有作用,但作用不大	101	10
C. 跟我的成功几乎无关	10	1

5. 只有五成学生对自己今后所从事职业的职业道德要求是了解的。调查数据显示,当被问到是否了解自己以后要从事职业的职业道德要求时,一半以上的学生表示"明白",41%的学生表示"略知一二",7%的学生表示"很模糊",1.5%的学生表示"不知道",即几乎一半的学生对自己毕业后的职业道德要求不很了解。具体数据见表 5。

表 5　　高职大学生对以后从事职业的职业道德要求了解情况

选项	选择人数	占比(%)
A. 明白	527	51
B. 略知一二	433	41
C. 很模糊	68	7
D. 不知道	15	1

本次调查时间是 2018 年 7 月初,大一学生马上进入大二,而大二学生马上进入大三年级,还有半年进入顶岗实习阶段。在被调查的清楚自己未来从事职业的职业道德要求的一半学生中,95%是大二年级学生,大一学生对自己将来所从事职业的道德要求几乎都还非常模糊。所以,高职院校的职业道德教育应该从大一就开始抓起。

(二)高职院校大学生对职业道德内容的认知

1. 高职院校大学生对职业道德内容的选择趋于多元化,选择勤奋努力、吃苦耐劳的占两成。在"你认为职业道德最重要的内容应是什么"问题上,36%的学生选择了"爱岗敬业,忠于职守",31%的学生选择了"遵纪守法,诚实守信",20%的学生选择了"勤奋努力,吃苦耐劳",这与当前 49.6%的企业管理者认为大学生普遍缺乏吃苦耐劳精神的调查结果相吻合。具体数据见表 6。

表 6　　高职大学生对职业道德内容选择

选项	选择人数	占比(%)
A. 爱岗敬业,忠于职守	378	36
B. 遵纪守法,诚实守信	325	31
C. 和睦互助,团结协作	129	13
D. 勤奋努力,吃苦耐劳	211	20

2. 对于自我精神状态评价,有七成学生认为自己“精神坚定”。学生对于“我有强烈奋斗精神,我愿意经受职业风雨的磨砺而不逃避、退缩”这一说法作出了不同的回应。具体数据见表 7。

表 7　　高职大学生精神状态自我评价

选项	选择人数	占比(%)
A. 是的,我精神坚定	727	70
B. 我有这种精神,但不坚定	285	27
C. 以后的工作看情况再说	31	3
D. 我更愿过安稳、平淡日子	0	0

3. 对于职业理想的追求,只有不到六成的学生表示“我理想远大,明确”。具体数据见表 8。

表 8　　高职大学生职业目标、理想状况

选项	选择人数	占比(%)
A. 是的,我理想远大,明确	595	57
B. 我不追求很高的事业成就,只求通过工作实现家庭富足	427	41
C. 理想太虚,生活是残酷的	16	2
D. 没考虑过	5	0

(三)高职院校大学生对职业道德教育的态度

1. 高职大学生接受职业道德教育现状比较乐观。大学生是否接受过职业道德教育是社会普遍关注的问题。针对这一问题,调查数据显示,大多数学生表示进入大学后接受过,还有部分表明在以往的学习中也接受过,有 18% 的学生表示进入大学后尚未接受职业道德教育。具体数据见表9。

表9　　高职大学生接受职业道德教育状况

选项	选择人数	占比(%)
A.进入大学后接受过	641	61
B.进入大学后尚未接受	187	18
C.在父母和以往学校教育中接受过	215	21

2.九成多的学生认为学习职业道德的目的是“自我提升需要”,近七成学生是“为将来就业增加砝码”,表现了学生追求职业道德强烈的实用性。职业道德是社会道德体系的重要组成部分,它一方面具有社会道德的一般作用,另一方面它又具有自身的特殊作用,被调查学生对于学习职业道德的目的也表达了不同看法,其中大部分认为是提升自我需要。具体数据见表10。

表10　　高职大学生对学习职业道德目的认识(多选)

选项	选择人数	占比(%)
A.自我提升需要	977	94
B.为将来就业增加砝码	726	70
C.为了学分,顺利毕业	241	23
D.没考虑过	25	2

3.学生对于是否有兴趣接受职业道德教育表示一般。对于“是否有兴趣和意愿在未来学习和工作生涯中接受职业道德的相关教育”问题,调查结果显示,有五成多的学生表示“很有兴趣”,四成多的学生表示“愿意了解一下”,只有极少部分学生表示自己“很忙,顾不上”或“没兴趣”。具体数据见表11。

表11　　高职大学生对未来接受职业道德教育的态度

选项	选择人数	占比(%)
A.很有兴趣,很愿意	567	54
B.有点兴趣,愿意了解一下	435	42
C.很忙,顾不上	22	2
D.没兴趣	10	1
E.其他	9	1

4.八成学生表示，现在有意识地在培养自己的职业道德。一个人的思想道德素质的提升是毕其一生的事，并不始于大学，也不终于大学，而是伴随人的一生，需要我们不断地、精心地去培养、涵育。现在是否有意识地在培养自己的职业道德，也是大学生应首要考虑的问题之一。具体数据见表12。

表12　　高职大学生对自觉培养职业道德意识的态度

选项	选择人数	占比(%)
A.是	840	81
B.还没想过	193	18
C.不是	10	1

5.学生获得职业道德知识的途径呈现多样性，占前两位的是思政课堂和专业课在课堂中渗透。对于习得的职业道德知识是通过哪种途径问题，学生给出了不同的答案。具体数据见表13。

表13　　高职大学生获得职业道德知识的途径(多选)

选项	选择人数	占比(%)
A.思想政治理论课堂教学	872	84
B.各专业课教师在课堂教学中渗透	663	64
C.到相关企业或实习基地学习	425	41
D.学校组织的专家讲座	428	41
E.网络学习	340	33
F.参加志愿活动	325	31

6.四成多学生对职业道德素质的培养选择了“在实践中学习”，近四成学生选择“榜样感召”。任何行为习惯的养成都得靠自身行为的约束，要想养成良好的职业道德，必须从日常生活的方方面面做起，我们调查的三所学校的学生对于职业道德素质养成的方式也表达了自己的观点。具体数据见表14。

表14　　高职大学生愿意接受职业道德教育的方式

选项	选择人数	占比(%)
A.榜样感召	390	37
B.自我感悟	165	16
C.在实践中学习	449	43
D.道德理论学习	39	4

(四)高职院校大学生对学校职业道德教育现状的认同度

1. 六成的学生认为自己的学校重视“职业道德教育”,近五成的学生认为学校“不重视”,这与大学生对职业道德重要性的认知不相匹配。

职业道德是学生踏入社会的必要前提,所以在大学里接受职业道德教育就显得尤为重要,对于学校是否重视对大学生职业道德教育问题,我们也做了相应调查。具体数据见表15。

表15　　高职院校对大学生职业道德教育重视情况

选项	选择人数	占比(%)
A. 重视	633	61
B. 有教育,但重视度一般	365	35
C. 不重视	45	4

2. 只有近三成学生对当前学校职业道德教育感觉“比较系统丰富”。高职院校大学生对于当前学校大学生职业道德教育的感觉,有29%的学生认为“比较系统丰富”,44%的学生认为“很凌乱”,还有27%的学生表示“没有开展”。具体数据见16。

表16　　高职院校开展大学生职业道德教育情况

选项	选择人数	占比(%)
A. 好像没有开展	287	27
B. 有一点,但很零乱	456	44
C. 比较系统丰富	300	29

3. 高职大学生获取职业道德教育课程方式呈现多样性。对于学校所开设的涉及大学生职业道德教育的课程主要有哪些,调查数据显示,呈现多样性。具体数据见表17。

表17　　高职大学生从课堂中获得职业道德知识情况(多选)

选项	选择人数	占比(%)
A. 思想道德修养与法律基础	945	91
B. 大学生心理健康教育	668	64

续表

选项	选择人数	占比(%)
C. 大学生就业创业类课程	516	50
D. 专门的大学生职业道德教育课	875	84
E. 专业课渗透	356	34

近几年由于国家非常重视对思政课的建设，各高校和广大思政课教师也积极努力改进和完善，思政课普遍受到学生欢迎，有些院校出现思政课是最受欢迎课程现象。但大学生职业道德教育内容在思政课中占比重非常小，这组数据有可能是本次调查学生没有仔细考虑职业道德教育课和思政课两者关系，把两者混为一谈，直接把对思政课的喜欢当成对职业道德教育的喜欢了。这一组调查也充分反映出学校对大学生职业道德教育课程的开发不系统、不完善，或者说非常“混乱”。

4. 七成多学生对学校开设的大学生职业道德教育课“喜欢”或“较喜欢”。高职大学生对于学校开设的大学生职业道德教育相关课程的感兴趣程度作了一个整体评价。具体数据见表18。

表18　　高职大学生对大学生职业道德课程教学效果评价

选项	选择人数	占比(%)
A. 喜欢	473	45
B. 较喜欢	308	30
C. 一般	206	20
D. 不喜欢，这些教育很虚、走形式	56	5

5. 六成多的学生表示，大学生职业道德教育课程内容与实际很贴近，三成多的学生感到很少有用或根本不沾边。当问到正在打工(或实习或社会实践活动)的学生在经历中的体会，学校大学生职业道德教育课程与实际需要是否贴近时，具体回答情况见表19。

表19　高职大学生对大学生职业道德教育课程内容与实际需求契合度认知

选项	选择人数	占比(%)
A. 很贴近	677	65
B. 根本不沾边	98	9
C. 很少有用	268	26

6. 高职大学生从大学生职业道德教育课程中获得相关知识效果一般。不到五成的学生表示:从大学生职业道德教育课程中获得职业道德相关知识“掌握得很好”,四成多学生表示“掌握一般”。具体数据见表20。

表20　　高职大学生掌握职业道德知识情况表

选项	选择人数	占比(%)
A. 掌握很好	504	48
B. 掌握一般	481	46
C. 掌握很少,或者根本没有掌握	58	6

7. 六成学生表示,大学生职业道德教育课程考核在专业实训中列入考核内容。对专业实训实践过程中职业道德的表现是否列入“学生专业实训实践”评价体系,62%的学生表示已经纳入,说明学校注重学生的全面发展,正如有一句话说的:对于一份职业,你可以学习它的技能,但你不能没有职业道德。具体数据见表21。

表21　　职业道德是否列入高职院校实训课程考核中

选项	选择人数	占比(%)
A. 是	705	62
B. 否	100	9
C. 没注意过	338	29

(五)高职院校大学生对学校开展大学生职业道德教育的态度

1. 高职院校大学生选择接受职业道德教育的方式呈现多样化。对“你认为进行职业道德教育应采取的主要方式是什么”的问题,占比较高的前两位回答是“思政课教学为主”和“各专业课教学中渗透为主”。具体数据见表22。

表22　　高职院校进行大学生职业道德教育的方式(多选)

选项	选择人数	占比(%)
A. 思政课教学为主	794	76
B. 各专业课教学中渗透为主	634	62
C. 到相关企业或实习基地学习为主	509	49
D. 主题讲座为主	350	34

2. 八成多的高职大学生对学校开设专门的大学生职业道德教育课程持赞同态度。83%的大学生对开设专门的大学生职业道德教育课程认为“有必要，以行业职业道德规范为教材”。具体数据见表23。

表23　高职大学生对开设专门大学生职业道德教育课程的态度

选项	选择人数	占比(%)
A. 有必要，以行业职业道德规范为教材	868	83
B. 没必要，现有课程中所包含的内容已足够	83	8
C. 在现有课程已有内容的基础上不断更新即可	92	9

3. 九成的高职大学生表示职业道德教育应该从大一开始。当被问到对大学生进行职业道德教育应该从什么时候开始时，绝大部分学生认为从大一开始较好。具体数据见表24。

表24　高职大学生认为进行职业道德教育的时机

选项	选择人数	占比(%)
A. 从大一开始	937	90
B. 从大二开始	86	8
C. 从大三开始	20	2

四、存在的主要问题及建议

(一)存在的主要问题

随着我国经济的发展，高职教育也得到突飞猛进的发展。中国经济正进入转型升级、产业结构大调整时期，“中国制造 2025”计划的提出，向中国的高职教育提出了更高的要求，培养新时期创新创业复合型高技能人才成为高职教育的首要任务。国家情怀，工匠精神，无不与人的职业道德紧密相关；经济形势下行的压力，给大学生就业造成一定的困难。高职大学生对职业道德的认知与当前的大学生职业道德水平不相对称，与高职院校对大学生职业道德教育的重视程度和高职院校大学生职业道德教育课程设置及教学效果不相匹配。从调查数据来看，三所高职院校大学生反映情况总体较好，但也存在一些不尽如人意的地方，主要表现在少数学生对职业道德存在的认识不足、散漫随意等问题；对于高

职院校来讲,存在重视度不够、职业道德教育体系化建设不完善等问题。通过对调查结果进行分析,存在的问题可以归纳为以下几点:

1.高职院校对开展大学生职业道德教育缺乏足够重视。大学生对于职业道德教育是否重视,很大程度上也是学校的一种主观态度的体现。调研结果表明,高职院校对于大学生职业道德教育重视程度一般,有部分学校对学生在专业实训、实践过程中职业道德的表现还未列入“学生专业实训实践”评价体系,这些直接导致大学生对职业道德教育的忽视。高职院校应该从国家人才战略高度,提高对大学生职业道德教育重要性的认知,并采取有力措施和必要保障,将大学生职业道德教育落实到人才培养的各个方面。

2.高职院校大学生对当前学校大学生职业道德教育的效果总体感觉不太理想。调查中有29%的学生感觉学校大学生职业道德教育内容比较系统丰富;分别有45%和30%的学生喜欢和比较喜欢学校开设的大学生职业道德教育课程;65%的学生感觉学校大学生职业道德教育课程内容与实际很贴近,还有35%的学生感觉很少用到或根本不沾边。这就要求高职院校主管教学部门应充分调研,充分利用校企合作、订单式培养、学徒制等合作和培养方式,积极探索大学生职业道德教育内容和教育形式的有机统一,丰富教育内容,增强教育内容的实效性。

3.高职院校要尽早开展大学生职业道德教育。被调查的高职大学生中,90%的学生建议大一就应开始职业道德教育;83%的学生认为学校应该开设专门的大学生职业道德教育课程;调查数据显示,学生对职业道德教育的形式持开放态度。高职大学生对职业道德重要性的认知和接受职业道德教育的开放度与学校对大学生职业道德教育重视程度和课程设置、途径探索等方面形成较明显的反差。这尤其应该引起教育主管部门和高职院校业务部门的高度重视。

4.高职大学生对职业道德重要性的认知度需进一步提高。在“你认为在职业发展道路上,以下哪个对你更重要”单一问题选项“职业道德”“职业技能”和“两者缺一不可”中,只有22%的学生认为职业道德更重要,学生普遍认为专业知识和技能才是更重要的。这与本次调查负责人同企业管理者访谈和职员入职后的大学毕业生问卷调查结果差异比较大,企业管理者和职员几乎百分百认为职业道德是最重要的。

5.高职大学生在校行为规范与未来职业道德要求差距较大。以自我为中心,强调自由、随便,不注重塑造自身良好的形象,劳动观念、纪律观念淡漠,不注重勤俭和规范,集体主义观念不强,缺乏团队精神,这些不足导致高职大学生上岗后不能很好地适应职业纪律和规范要求。高职院校教育、教学部门应该结合学校学生实际,着力挖掘研究日常教育管理中与未来职业道德共性的相关要求,固化为学生日常教育管理的内容，让职业道德教育与日常的学生教育管理相融合。

(二)对高职院校大学生职业道德教育的建议

1.做好顶层设计，把大学生职业道德教育与学校日常教育教学管理相结合，与整个人才培养相融合。学校明确大学生职业道德教育主管部门，建立协同育人机制，将大学生职业道德教育作为高职院校德育工作和人才培养的重要工作内容和考核内容；设立专门课程，丰富教学内容，实现多样化教学方式和考核方式，增强教育效果。

2.积极营造校园学习气氛，形成良好的校园文化。学校应该扩大学生职业道德教育幅度和广度，并且培养学生积极展现自己的能力。

3.制定一套符合自己学校实际情况的制度，建立一套科学完整的思想教育体系，贯穿于大学教育的始终，编写实用性强的大学生职业道德教育教材，结合学生专业因材施教。

4.积极探索高职院校大学生职业道德教育与思政课程和专业课高度融合的有效途径。充分利用现代学徒制和“工匠工房”人才培养的有利形式，深入挖掘专业课中职业道德内存的相关因素，将职业道德教育与专业知识技能学习相融合，共同打造高素质技术技能拔尖人才。

高职院校大学生职业道德教育现状调研报告(大学生卷)

——以全国11省区14所高职院校为例

为全面了解高职院校大学生职业道德教育状况，发现问题，研究对策，以培养更优秀的复合型高素质技能型人才，我们决定从高职院校在校大学生、高职院校教师、企业职员(已毕业大学生)、企业管理者四个维度对高职院校大学生职业道德教育状况进行问卷调查，以期获得第一手资料。本次问卷调查是从高职院校在校大学生角度进行调查的，是在2018年6～7月在山东省3所高职院校问卷调查的基础上，扩大至全国11个省区14所不同类型高职院校(全国示范、省级示范、一般职业院校)。我们对积极参与配合这次调查的广大大学生，在此表示衷心感谢。

本次调查所有数据都是采集的原始数据，真实有效。

一、调查的基本情况

本次高职院校大学生职业道德教育调查主要集中在2018年11月份，采取网上问卷调查的形式进行，调查对象为全国11个省区14所高职院校的大学生。本次调查共发放问卷18000份，收回有效问卷17538份，有效回收率97%。

问卷调查选取的14所高职院校，从地域分布看，覆盖全国东北、华东、华北、华中、华南、西南、西北等地区的11个省区；从办学级别看，全国示范性(骨干)建设学校占比43%，省级示范性建设学校占比36%，一般学校占比21%；从学校类别看，既有综合类高职院校，也有机电、铁路、信息、金融、商业、中医药等专科门类学校。所以，本次调查取样的高职院校具有广泛的代表性。具体情况见表1。

表 1　全国高职院校学生职业道德问卷调查学校地区分布情况

地区	省份	学校名称	学校级别
东北(1)	吉林	吉林工业职业技术学院	全国示范
华东(6)	江苏	常州信息工程职业技术学院	全国示范
	浙江	浙江金融职业技术学院	全国示范
	山东	青岛职业技术学院	全国示范
	山东	山东商业职业技术学院	全国示范
	安徽	安庆职业技术学院	省级示范
	山东	山东城建职业学院	省特色
华北(1)	山西	晋中职业技术学院	省级示范
华中(3)	河南	郑州铁路职业技术学院	全国示范
	湖北	湖北中医药高等专科学校	一般
	湖南	湖南机电职业技术学院	一般
华南(1)	广东	中山职业技术学院	省级示范
西南(1)	贵州	贵州工业职业技术学院	省级示范
西北(1)	新疆	新疆建设职业技术学院	一般

从学生年级来看,大一学生 8930 人,占总人数的 51%;大二学生 5512 人,占总人数的 31%;大三学生 3069 人,占总人数的 18%。从性别来看,男生 10211 人,占总人数的 58%;女生 7324 人,占 42%。从专业看,文科学生 9120 人,占 52%,理工科学生 8418 人,占 48%。选取学生情况能很大程度代表高职院校学生的普遍想法,具有广泛的代表性。

二、问卷设计

问卷分七部分共计 25 题,其中选择题 24 个,开放题 1 个。第一部分是高职院校大学生对职业道德的认知及基本价值判断,第二部分是大学生对职业道德内容的认知,第三部分是大学生对职业道德教育的态度,第四部分是大学生对学校开展大学生职业道德教育的态度及评价,第五部分即最后一道开放题,是学生对学校开展大学生职业道德教育的建议。

三、调研内容及结果

本次调查用于结论性评价术语及等级有“好(强)”“较好(强)”“一般(一般强)”“较差”“极差”等五个等级。五个等级划分标准分别是:90%及以上为“好(强)”,75%～89%为“较好(强)”,60%～74%为“一般”,45%～59%为“较差”,45%以下为“极差”。具体调查情况及结果如下。

(一)高职院校大学生对职业道德的认知及基本价值判断

1. 高职大学生认为,当前社会职业道德状况比较好。对于当前社会劳动者的职业道德状况,33%的人认为“很好”,41%的人认为“比较好”,两项合计占74%。具体数据见表2。

表2　　高职大学生对社会职业道德情况评价

选项	选择人数	占比(%)
A. 很好	5619	33
B. 比较好	6919	41
C. 一般	4138	24
D. 很差	262	2

2. 高职大学生对职业道德价值追求趋于多元化,恪守诚信和勤劳不再是大学生成功的首选。当前社会是否只有恪守诚信和勤劳才能成功?对于这个问题,只有43%的人认为“是的”,而53%的人认为“不一定,有的时候看机遇和头脑”。具体数据见表3。

表3　　高职大学生对是否只有恪守诚信和勤劳才能成功的回答

选项	选择人数	占比(%)
A. 是的,我相信	7604	43
B. 不一定,有的时候看机遇和头脑	9216	53
C. 可以灵活变通,固守诚信反而迂腐;现在要靠脑子和技术挣钱,跟勤劳无关	718	4

3. 高职大学生对职业道德在未来职业发展的价值认同感非常高。职业道德是每个工作者的必备素质,对自己未来的职业成功至关重要。91%的被调查学

生认为很重要,优秀的品德是成才的关键。9%的被调查学生认为职业道德对自己作用不大,或几乎无关。职业道德的观念还没有深入每一位大学生心中。具体数据见表4。

表4　高职大学生对职业道德在未来职业发展的价值认同感

选项	选择人数	占比(%)
A.是的,对我的成长、成功很重要	16033	91
B.对我有作用,但用处不大	1400	8
C.跟我的成功几乎无关	105	1

4.高职大学生在对职业道德、职业技能两者关系的单一选择上,更看重"两者缺一不可",这与企业选人用人的标准有非常大的差距。19%的学生认为在职业发展的道路上职业道德更重要,4%的学生选择了职业技能,77%的学生选择了职业道德与职业技能两者缺一不可。选择职业道德更重要的学生比选择职业技能的高出15个百分点。但在这道单一选择题中,更多学生认同职业道德和职业技能两者缺一不可。在调查负责人做的企业管理者调查中,58.3%的管理者认为职业道德更重要,这与学生对同一问题19%的选择比例差距还是非常大的。德大于技,品德是第一位,职业教育首先要教会学生如何做人,其次才是技能,这样才符合国家发展的要求。这项数据对比差异如此之大,应引起教育界的高度重视。具体数据见表5。

表5　高职大学生认为职业道德与职业技能哪个更重要

选项	选择人数	占比(%)
A.职业道德	3247	19
B.职业技能	732	4
C.两者缺一不可	13559	77

(二)高职院校大学生对职业道德的认知

1.近七成大学生有强烈的奋斗精神,精神状态良好。近七成的大学生认为自己有强烈奋斗精神,愿意经受职业风雨的磨砺而不逃避、不退缩。三成的学生意志力不坚定,极少数学生对自己的职业生涯规划没有目标。具体数据见表6。

表6　　高职大学生精神状态自我评价

选项	选择人数	占比(%)
A. 是的,我精神坚定	12090	69
B. 我有这种精神,但不坚定	4994	29
C. 以后的工作看情况再说	369	2
D. 我更愿过安稳、平淡日子	58	0

2. 高职大学生对于职业目标、理想的追求状况不是特别乐观。调查数据显示,只有五成多的学生有明确的职业目标和理想。44%的人认为实现家庭稳定、富足就可以,还有3%的人没有目标。具体数据见表7。

表7　　高职大学生职业目标、理想状况

选项	选择人数	占比(%)
A. 是的,我理想远大、明确	9382	53
B. 我不追求很高的事业成就,只求通过工作实现家庭富足	7683	44
C. 理想太虚,生活是残酷的	279	2
D. 没考虑过	194	1

3. 只有五成多的学生明白自己以后要从事职业的职业道德要求。调查数据显示,53%的学生对自己以后从事职业的职业道德要求有清楚的认识,39%的人略知一二,还有8%的学生表示很模糊、不知道。具体数据见表8。

表8　　高职大学生是否明白以后从事职业的职业道德要求

选项	选择人数	占比(%)
A. 明白	9344	53
B. 略知一二	6830	39
C. 很模糊	1219	7
D. 不知道	145	1

4. 高职大学生对职业道德内容的选择趋于多元化,但选择勤奋努力、吃苦耐劳的比例不到两成。对"你认为职业道德最重要的内容应是什么",各有35%的学生分别选了"爱岗敬业,忠于职守"和"遵纪守法,诚实守信",16%的学生选择了"勤奋努力,吃苦耐劳"。这与当前49.6%的企业管理者认为大学生普遍缺乏

吃苦耐劳精神的调查结果相吻合。具体数据见表9。

表9　　高职大学生对职业道德内容的选择

选项	选择人数	占比(%)
A. 爱岗敬业，忠于职守	6138	35
B. 遵纪守法，诚实守信	6124	35
C. 和睦互助，团结协作	2407	14
D. 勤奋努力，吃苦耐劳	2869	16

(三)高职院校大学生对职业道德教育的态度

1. 九成高职大学生表示接受过职业道德教育，其中近三成的大学生表示职业道德教育来自父母和以往的学校教育，说明家庭对学生的职业道德教育也非常重要。六成多的大学生表示在进入大学之后接受过职业道德教育，26%的人在父母和以往的学校教育中接受过，说明家庭教育也应体现在对孩子的职业道德教育上，对孩子的影响也很大。具体数据见表10。

表10　　高职大学生接受职业道德教育状况

选项	选择人数	占比(%)
A. 进入大学后接受过	11213	64
B. 进入大学后尚未接受	1746	10
C. 在父母和以往学校教育中接受过	4579	26

2. 九成多的高职大学生对修得职业道德的目的有正确的认识。有94%的学生认为职业道德教育的目的是为了自我提升，72%是为自己将来的就业增加砝码，还有27%的学生是为了学分。品德的提升永远在第一位，无德则不立。具体数据见表11。

表11　　高职大学生对职业道德教育目的性认识(多选)

选项	选择人数	占比(%)
A. 自我提升需要	16480	94
B. 为将来就业增加砝码	12564	72
C. 为了学分，顺利毕业	4694	27
D. 没考虑过	244	1

3. 高职大学生对未来学习和工作中接受职业道德教育的积极性呈下降趋势，说明在大学进行职业道德教育是比较好的时机。对“是否有兴趣和意愿在未来学习和工作生涯中接受职业道德教育”这个问题，有近六成的学生表示有兴趣和意愿在未来学习和工作生涯中接受职业道德的相关教育，近四成的学生表示愿意了解一下，还有少数学生表示顾不上或没兴趣。具体数据见表12。

表12　高职大学生对未来接受职业道德教育的态度

选项	选择人数	占比(%)
A. 很有兴趣，很愿意	10094	58
B. 有点兴趣，愿意了解一下	6792	39
C. 我很忙，顾不上	307	2
D. 没有兴趣	142	1
E. 其他	103	0

4. 八成多的高职大学生有自觉培养职业道德的意识。对于“是否有意识地在主动培养自己的职业道德”问题，有八成多的学生表示在有意识地培养自己的职业道德，说明职业道德已经深入大学生的心中，并能根据自己的情况主动进行锻炼培养。具体数据见表13。

表13　高职大学生对自觉培养职业道德意识的态度

选项	选择人数	占比(%)
A. 是	14563	83
B. 还没想过	2768	16
C. 不是	207	1

5. 高职大学生获取职业道德知识的途径多种多样。高职大学生对于获取职业道德知识的途径可谓是多种多样，绝大多数回答与政治理论课堂教学挂钩。具体数据见表14。

表14　高职大学生获得职业道德知识的方式(多选)

选项	选择人数	占比(%)
A. 政治理论课堂教学	15038	87
B. 各专业课老师在课堂教学中渗透	12400	71
C. 到相关企业或实习基地学习	8267	47

续表

选项	选择人数	占比(%)
D. 学校组织的专家讲座	8771	50
E. 网络学习	7747	44
F. 参加志愿活动	7295	42

6. 高职大学生更愿意在实践中接受职业道德教育和向榜样学习。在实践中学习，在学习中成长，五成多的高职大学生这样认为。两成多的学生认为是向榜样学习，通过学习他们的事迹能使学生更好地理解职业道德。具体数据见表 15。

表 15　　高职大学生更愿意接受职业道德教育的方式

选项	选择人数	占比(%)
A. 榜样感召学习	4752	27
B. 自我感悟	2640	15
C. 在实践中学习	8894	51
D. 道德理论学习	1252	7

(四)高职院校大学生对学校大学生职业道德教育现状的认同度

1. 高职院校大学生认为学校对大学生职业道德教育的重视度不高。近七成的学生表示学校很重视大学生职业道德教育，有三成的学生认为学校重视程度一般，还有少数学生认为学校不重视。具体数据见表 16。

表 16　　高职大学生认为学校对大学生职业道德教育的重视情况

选项	选择人数	占比(%)
A. 重视	11973	68
B. 有教育，但重视度一般	5233	30
C. 不重视	332	2

2. 高职院校开展大学生职业道德教育情况不容乐观。只有 41% 的高职大学生对学校大学生职业道德教育的总体感觉比较丰富，41% 的学生认为零乱、不系统，还有 18% 的学生回答没有开展。具体数据见表 17。

表17　　高职院校开展大学生职业道德教育情况

选项	选择人数	占比(%)
A. 好像没有开展	3131	18
B. 有一点,但很零乱	7164	41
C. 比较系统丰富	7243	41

3. 高职大学生从课堂中获得职业道德内容的途径多样。高职大学生主要靠"思想道德修养与法律基础"课来获得相关内容,排在第二位的竟然是大学生心理健康教育,专门职业道德教育课只占39%的比例。具体数据见表18。

表18　　高职大学生从课堂中获得职业道德内容的途径(多选)

选项	选择人数	占比(%)
A. 思想道德修养与法律基础	16017	91
B. 大学生心理健康教育	12286	70
C. 大学生就业创业类课程	10691	61
D. 专门的大学生职业道德教育课	6801	39
E. 专业课渗透	4240	24

4. 高职大学生对学校开设的大学生职业道德教育相关课程评价较好。对于学校开设的大学生职业道德教育的相关课程,47%的学生表示喜欢,31%的学生比较喜欢,两项合计占比78%。具体数据见表19。

表19　　高职大学生对大学生职业道德教育课程教学效果评价

选项	选择人数	占比(%)
A. 喜欢	8271	47
B. 较喜欢	5402	31
C. 一般	3289	19
D. 不喜欢,这些教育很虚、走形式	531	3

5. 高职院校大学生职业道德教育课程内容与实际需求契合度一般。69%的高职大学生认为学校大学生职业道德教育内容与实际要求很贴近,24%的认为很少部分有用,还有7%学生认为根本不沾边。具体数据见表20。

表20　高职大学生认为大学生职业道德教育课程内容与实际需求契合度

选项	选择人数	占比(%)
A. 很贴近	12001	69
B. 根本不沾边	1284	7
C. 很少部分有用	4253	24

6. 高职大学生掌握职业道德相关知识情况很一般。44%的学生表示对于职业道德的相关理论知识，自己掌握得很好，52%的学生认为自己掌握得一般。具体数据见表21。

表21　高职大学生掌握职业道德知识情况

选项	选择人数	占比(%)
A. 掌握很好	7709	44
B. 掌握一般	9094	52
C. 掌握很少，或者根本没有掌握	735	4

(五)高职大学生对学校开展大学生职业道德教育的态度及建议

1. 七成高职院校在专业实训过程中将职业道德表现纳入课程考核评价体系中。对“你们学校在专业实训实践过程中，职业道德的表现是否列入学生专业实训实践评价体系”问题，有70%的被调查学生表示已经纳入，说明高职院校相对重视大学生职业道德在职业生涯中的表现。具体数据见表22。

表22　职业道德表现是否列入学校实训课程考核中情况

选项	选择人数	占比(%)
A. 是	12299	70
B. 否	1394	8
C. 没注意过	3845	22

2. 高职院校进行大学生职业道德教育的方式比较多样。高职院校进行大学生职业道德教育采取的方式，调查表明大部分高职院校进行大学生职业道德教育的主要形式是思政课教学、在专业课教学中相互渗透和在实习实践中学习。具体数据见表23。

表23　高职院校进行大学生职业道德教育的方式(多选)

选项	选择人数	占比(%)
A. 思政课教学为主	13856	79
B. 在专业课教学中渗透为主	11583	66
C. 到相关企业或实习基地学习为主	10127	58
D. 主题讲座为主	7270	42

3. 八成多的高职大学生希望学校开设专门的大学生职业道德教育课。在大学是否开设专门的大学生职业道德教育课这一问题上,高职大学生表达了自己非常坚定的看法,86%的学生对大学开设专门的大学生职业道德教育课表示有必要,只有极少数学生表示没必要。具体数据见表24。

表24　高职大学生对开设专门职业道德教育课程的态度

选项	选择人数	占比(%)
A. 有必要,以行业职业道德规范为教材	15009	86
B. 没必要,现有课程中所包含的内容已足够	1129	6
C. 在现有课程已有内容的基础上不断更新即可	1400	8

4. 九成多的高职大学生认为从大一开始就应该进行职业道德教育。对大学生职业道德教育应该从什么时候开始这一问题,有92%的学生认为大一就应该开始,学生认为较早的接触有助于良好习惯的提前养成。具体数据见表25。

表25　进行职业道德教育时机选择

选项	选择人数	占比(%)
A. 从大一开始	16104	92
B. 从大二开始	1162	7
C. 从大三开始	272	1

三、存在的问题及建议

(一)存在的主要问题

本次调查范围广,涉及的内容也多,能够比较集中反映出当前高职院校大学生职业道德教育工作中和学生在职业道德认知方面存在的主要问题。

1.高职大学生对学校大学生职业道德教育整体评价不高与学生对职业道德教育的热切期待构成一对矛盾。高职大学生对学校大学生职业道德教育整体评价不高主要表现在五个方面:高职院校对大学生职业道德教育的重视度不高;高职院校开展大学生职业道德教育情况不容乐观;学生对学校开设的大学生职业道德教育相关课程评价不高;高职院校大学生职业道德教育课程内容与实际需求契合度一般;高职院校大学生职业道德教育课程教学效果一般。但从调查数据来看,高职大学生对职业道德在未来职业生涯中的作用是高度认同的,对职业道德教育是充满期待的。高职大学生对职业道德教育的认同和期待与高职院校对大学生职业道德教育的重视程度和效果构成一对矛盾。解决这一矛盾的关键就是高职院校要高度重视大学生职业道德教育,并采取多种手段和途径加以解决。

2.高职大学生对职业道德教育的高度认同感与实际获得的职业道德知识和体验较少构成一对矛盾。91%的高职大学生认为职业道德对自己未来的职业成功至关重要,但只有44%的学生表示对与职业道德相关的理论知识掌握得很好。高职大学生对职业道德有非常高的认同度,这是极好的事情,高职院校应该充分利用这一优势让学生在大学里获得更多的相关知识,更多体验职业道德内容,以固化学生在校时的职业道德内心信念,培养高素质复合型人才,为学生就业打下坚实基础。解决这一矛盾需要高职院校采取多样化手段,与教育工作者的积极努力、大学生的主动学习相结合共同发力。

3.高职大学生对职业道德价值认同的首选内容与企业最需要大学生具备的职业道德品质构成一对矛盾。对“职业道德最重要的内容是什么”问题,只有16%的高职大学生选择了吃苦耐劳这一项;而在另一项企业管理者认为大学生最缺乏的职业道德品质调查中,49.6%的企业管理者认为大学生普遍缺乏吃苦耐劳精神。大学生普遍忽视的职业道德品质竟然恰恰就是企业管理者非常看重的职业道德品质。解决这一矛盾需要从各个方面着手,是一项系统工程,并且不是短期内能够解决的。

(二)对策与建议

1.重视职业道德教育必须从源头抓起。之所以出现高职大学生对学校职业道德教育整体评价不高的现象,这与国家对高职院校进行大学生职业道德教育的要求不够有直接的关系。我国发展高职教育不过20年时间,这20年高职教育经历了从规模扩张到内涵发展,我国高职教育质量得到非常充分的发展,无论是专业建设、课程设置、资源库建设还是技能大赛等等,各个方面都有了长足发展。但在超常规发展的过程中,我们高职教育也忽略了一些最珍贵或最重要的东西,比如对社会责任、职业理想的唤醒和培养等,而是更多注重于技能的培养。自从我国发展高职教育以来,教育部作为国家教育的重要职能部门,可谓高度重视高等职业教育,每年发布的各种文件不计其数,在各种文件中都有高职教育要把"立德树人"作为根本任务来抓的要求,但多是面上要求。本调查负责人以前曾经以大学生职业道德教育专题课的形式给学生讲授相关内容,但在2003年以后不知什么原因该课程被取消了。现在普遍的做法是,把大学生职业道德教育融合在"大学生思想品德与法律基础"课中,但大学生职业道德教育内容占比不到5%,且目前该课程的教师多为刚参加工作的年轻教师,因他们各自对职业道德重要性的理解不同,讲解大打折扣,其教育效果可想而知。针对以上问题,提出以下建议:

建议一:教育部修改完善相关制度、规定,明确职业道德教育在高职大学生人才培养中的地位和作用,并目标清晰、要求到位,把高职院校必须开设专门的大学生职业道德教育课作为硬性规定。

建议二:各高职院校设立专门机构或指定现有相关部门负责制定大学生职业道德教育整体规划和包括职业道德教育职能、责任划分、具体措施、考核评价体系等内容的实施方案,并统筹协调组织该项工作。

建议三:高度重视师资选拔和培养,建立一支以学校为主、企业参与的专兼职教师队伍,优先聘任有企业管理经验和师德口碑好的优秀教师。

2.高职院校必须遵循职业道德教育规律,统一谋划,多管齐下,采取多种措施,使学生将职业道德内容内化于心,外化于行。

建议一:高职院校建立落实大学生职业道德教育的七大模块。七大模块包括:(1)组织模块,包括学校、企业、行业合作组织模块(也可与专业结合对接)和学校内部组织协调部门;(2)理论教学模块,包括设置专门的大学生职业道德教育课程(整合思品课、职业规划、心理健康课、就业指导等课程中的有关内容),专业课程融合职业道德教育内容等;(3)日常教学、学生管理等行为模块;(4)教师队伍建设模块,包括专职教师队伍和企业行业人员兼职队伍等;(5)实践实训模块,包括社会实践、志愿者活动和校内实训课等;(6)学校"三全育人"模块;(7)考核评价体系模块。

建议二:设置专门的大学生职业道德教育课程,结合学校专业和行业特点,编写统一教材,让学生在大学获得比较系统的职业道德知识。

建议三:发挥榜样的作用,时刻激励学生见贤思齐,让敬业爱岗、精益求精、不懈追求的大国工匠精神和责任担当成为学生的共同追求和努力方向,激励他们成长。

建议四:各高职院校应结合本校、本地实际情况,建立“学校主导、企业参与、行业融合”的“校、企、行”协同育人机制,分工协作,共商共建培训课程体系和实践体验基地,形成“学思行”一体化培训模式。

3.加强劳动教育,培养学生正确的劳动价值观,让吃苦耐劳成为更多学生的价值认同。

建议一:劳动教育必须“从娃娃抓起”。第一,从家庭教育抓起。父母是孩子的第一任老师,家庭是孩子行为养成和价值观形成的最重要环境。无论身心,孩子的问题实际上是父母及原生家庭的问题。在2019年全国教育工作会议上教育部部长陈宝生曾发出“父母也要接受教育”的倡议,家长必须树立正确的育儿观。第二,从幼儿园抓起。孩子就是一块璞玉,怎么雕琢全看工匠(教师)的“刀工”,教师要舍得“动刀”,立规矩,讲方法,从小培养孩子的独立、热爱劳动、团结互助等好品质。

建议二:从大学入学教育抓起,鼓励学生勤奋努力,只有吃苦耐劳才能成就大学生精彩人生。一定要抓住大学生刚踏入大学校门时好奇求胜的心理憧憬期,从专业介绍到学生日常管理和教学管理,从日常行为规范到文化熏陶,从纪律约束到榜样激励等等,多管齐下,齐头并进,将吃苦耐劳精神灌输进学生头脑,牢记于心。

建议三:遵循教育规律和职业道德教育规律,将吃苦耐劳精神培养落实到学生日常学习生活中。第一,必须与学生日常行为规范相结合。将学生宿舍作为培养劳动观念和习惯的重要载体和阵地,将内务卫生作为抓手,长抓不懈。第二,有条件的学校面向全体学生开设劳动课(我国台湾职业大学多开设劳作课),并作为必修学分,贯穿大学三年学习生活全过程。第三,把社会实践和校内实训作为培养学生劳动观念的重要手段,把劳动态度和敬业精神作为评价的重要指标。第四,必须建立一套多角度的学生职业道德考核评价体系,并把劳动观念和态度作为重要内容考核,考核成绩作为大学生毕业的必要条件。

高职院校大学生职业道德教育现状调研报告(教师卷)

——以山东省四所高职院校为例

为全面了解高职院校大学生职业道德教育状况,发现问题,研究对策,培养更优秀的复合型高素质技能型人才,我们决定从高职院校在校大学生、高职院校教师、企业职员(已毕业大学生)、企业管理者四个维度对高职院校大学生职业道德教育状况进行问卷调查,以获得第一手资料。本次问卷调查是在高职院校教师中进行的,他们在百忙中积极配合了本次调查,我们表示衷心感谢。

本次调查所有数据都是采集的原始数据,真实有效。

一、调查的基本情况

本次高职院校大学生职业道德教育调查,采取网上问卷调查的形式进行。2018年8月,调查负责人借助山东省高职思政课联盟会议召开时机,对参加会议的24所高职院校中的24名思政课教师进行了问卷调查;2018年11月,调查负责人在山东省选取四所不同类型高职院校,对与职业道德教育密切相关、知情度较高的四种不同身份的高职教师(思政课教师、辅导员、专业课教师、教学管理者)进行了问卷调查。

参与本次调查的教师所在学校,从所属关系上分,有省属高职院校,如山东商业职业技术学院;也有地方高职院校,如聊城职业技术学院、滨州职业技术学院。从学校层次上分,有全国示范(骨干)院校,如山东商业职业技术学院、滨州职业技术学院;也有省优质高等职业学校,如青岛酒店管理职业技术学院。既有面上调查(如全省24所高职院校的24名思政课教师),也有点上的调查(如四所高职院校抽样调查)。本次调查共有488名教师参与,调查对象中思政课教师占总人数的20%,专业课教师占总人数的40%,辅导员占总人数的26%,教学管理人员占总人数的14%;从年龄来看,25~35岁的占总人数的40%,36~45岁的占总人数的38%,46~50岁的占总人数的14%,51~55岁的占总人数的7%,56岁以上的占总人数的1%;从职称来看,助教占总人数的26%,讲师占总人数的48%,副教授占总人数的19%,教授占总人数的7%。所以,本次调查对象所抽取样本具有普遍代表性,很大程度上代表了高职院校教师对高职大学生职业道德教育情况的看法。

二、问卷设计

问卷分五部分共计16题,其中选择题15题,开放题1个。第一部分是职业道德对学生就业、职业影响的认知,包括教师对当前社会职业道德状况总体评价、职业道德对学生就业的影响、职业道德和职业技能对学生职业生涯的重要作用、学校职业道德教育的主要内容等,即第1~4题。第二部分是高职院校开展大学生职业道德教育整体情况的调查,包括学校对大学生职业道德教育的重视程度、学生对大学生职业道德教育课和职业道德教育的认同感等,即第5~6题。第三部分是学校开设大学生职业道德教育课情况的调查,包括学校是否开设大学生职业道德教育课程、开设课程状况、课时多少等,即第7~9题。第四部分是教师对大学生职业道德教育课教学效果自我评价及建议,包括教师讲授大学生职业道德教育课感受、上课授课方法、考核方式及对学校设置大学生职业道德教育课、进行大学生职业道德教育的建议等,即第1~15题。第五部分是开放题——对学校进行大学生职业道德教育的建议,即第16题。

三、调研内容及结果

本次调查用于结论性评价术语及等级有"好(强)""较好(强)""一般(一般强)""较差""极差"等五个等级。五个等级划分标准是:90%及以上为"好(强)",75%~89%为"较好(强)",60%~74%为"一般",45%~59%为"较差",45%以下为"极差"。具体调查情况及结果如下。

(一)高职院校教师普遍认为职业道德对大学生就业、职业生涯发展影响非常大

1.高职院校教师对当前社会的职业道德现状评价较好。在问到当前社会劳动者职业道德状况如何时,14%的教师认为"很好",56%的教师认为"比较好",

两者合计占比70%。具体数据见表1。

表1　　高职院校教师对社会职业道德评价

选项	选择人数	占比(%)
A.很好	71	14
B.比较好	272	56
C.一般	137	28
D.很差	8	2

2.八成多的高职院校教师认为职业道德对高职大学生就业非常重要。当被问到职业道德对高职大学生就业的作用时,82%的教师认为"非常重要",16%的教师认为"比较重要"。具体数据见表2。

表2　　职业道德对高职大学生的重要性

选项	选择人数	占比(%)
A.非常重要	402	82
B.比较重要	78	16
C.一般	6	1
D.不重要	2	1

3.对职业道德和职业技能哪个最重要的单项选择,八成多的高职院校教师认为"职业道德为先,两者缺一不可"。当被问到如何看待职业道德和职业技能孰轻孰重的问题时,有82%的教师认为"职业道德应为先,两者缺一不可",同时也有8%的教师认为应以"职业技能为主,职业道德为辅",认为职业道德更重要的有8%。具体数据见表3。

表3　　职业道德与职业技能重要性选择

选项	选择人数	占比(%)
A.职业道德	41	8
B.职业技能	9	2
C.职业道德为先,两者缺一不可	399	82
D.职业技能为主,职业道德为辅	39	8

(二)高职院校教师普遍认同学校对大学生职业道德教育的重视程度和学生的认同感

1. 高职院校教师普遍认为学校重视大学生职业道德教育。对“学校是否重视对学生的职业道德教育”问题,有55%的教师认为学校“非常重视”,有35%的教师认为“比较重视”,两项合计占比90%;有9%的教师认为“一般”。具体数据见表4。

表4　　学校是否重视大学生职业道德教育

选项	选择人数	占比(%)
A. 非常重视	271	55
B. 比较重视	170	35
C. 一般	43	9
D. 不重视	4	1

2. 六成多的高职院校在大一第一学期就开始对大学生进行职业道德教育。在被问到对大学生的职业道德教育课程在什么时候开设的时候,65%的教师回答在大一上学期,16%的教师回答在大一下学期,在大一开始对大学生进行职业道德教育的占81%。具体数据见表5。

表5　　高职院校开始大学生职业道德教育时间

选项	选择人数	占比(%)
A. 大一上学期	316	65
B. 大一下学期	79	16
C. 大二上学期	43	9
D. 大二下学期	33	7
E. 大三上学期	6	1
F. 大三下学期	11	2

3. 七成高职院校教师认为学生对学校进行的大学生职业道德教育非常认同或比较认同。关于学生对学校进行的大学生职业道德教育认同感的问题,有36%的教师认为学生“非常认同”,35%的教师认为“比较认同”,21%的教师认为“一般”。具体数据见表6。

表6　　高职院校大学生对学校大学生职业道德教育认同感

选项	选择人数	占比(%)
A. 非常认同,重视	180	36
B. 比较认同,重视	176	35
C. 一般	104	21
D. 不认同,不重视	7	1
E. 学生麻木,没感觉,无所谓	19	4
F. 其他	12	3

(三)高职院校教师认为学校开设大学生职业道德教育课的情况和教学效果不容乐观

1. 教师对学校开设大学生职业道德教育课情况,了解不是很深入。在被问到学校是否开设了大学生职业道德教育课时,有76%的教师回答开设了,8%的教师回答没有开设,16%的教师不了解;其中有34%的教师回答学校开设的是必修课,56%的教师不太清楚学校开设具体情况。具体数据见表7。

表7　　高职院校开设大学生职业道德教育课程情况(多选)

选项	选择人数	占比(%)
A. 开设	371	76
B. 没有开设	39	8
C. 不了解	78	16
D. 必修课	166	34
E. 选修课	15	8
F. 不太清楚	273	56

2. 只有三成多的高职院校教师回答自己学校设有专门的大学生职业道德教育课程。在被问到学校开设大学生职业道德教育课程状况时,有34%的教师回答学校有专门的大学生职业道德教育课,54%的教师回答分散于思想道德修养与法律基础、大学生心理健康教育、大学生就业创业类课程等课程中,8%的教师回答会在专业课中渗透。具体数据见表8。

表 8　　高职院校开设大学生职业道德教育课程状况

选项	选择人数	占比(%)
A. 有专门大学生职业道德教育课	165	34
B. 分散于思想道德修养与法律基础、大学生心理健康教育、大学生就业创业类课程等课程中	262	54
C. 在专业课中渗透	42	8
D. 其他	19	4

3. 各个高职院校开设大学生职业道德教育课程的课时不尽相同。在被问到学校开设的大学生职业道德教育课程课时是多少时，31%的教师回答是 2 课时，3%的教师回答 3 课时，31%的教师回答是 4 课时，20%的教师回答是 5 课时，还有 15%的教师回答是 6 课时。此题虽然设置了比较多的选项，但一般情况下，像大学生职业道德教育课程在高职院校不会占据很多课时，4 课时足矣，但被调查者仍有三成多的选择 5 课时和 6 课时选项，根据调查负责人工作经验和调查结果分析，部分被调查者作出如上的选择，可能更多的是出于不太清楚才凭自己想象随意作出的选择。具体数据见表 9。

表 9　　高职院校开设大学生职业道德教育课时情况

选项	选择人数	占比(%)
A. 2 课时	150	31
B. 3 课时	17	3
C. 4 课时	153	31
D. 5 课时	97	20
E. 6 课时	71	15

4. 不到五成的高职院校教师认为大学生职业道德教育课程非常重要，应该单独设置。在被问到大学生职业道德教育课程是否重要时，48%的教师认为“非常重要，应该单独设置”，也有 36%的教师认为“比较重要，思想道德修养与法律基础、大学生心理健康教育、大学生就业创业类等课程都涉及就可以”，16%的教师认为“最好和专业课结合，在专业课中渗透就可以”。具体数据见表 10。

表 10　　高职院校教师对单独开设大学生职业道德教育课的态度

选项	选择人数	占比(%)
A. 非常重要,应该单独设置	233	48
B. 比较重要,思想道德修养与法律基础、大学生心理健康教育、大学生就业创业类等课程都涉及就可以	174	36
C. 比较重要,最好和专业课结合,在专业课中渗透就可以	79	16
D. 职业道德是学生就业以后的事,学校里不应该设置这门课	2	0

5. 只有不到两成讲授大学生职业道德教育课的高职院校教师感觉很享受上课过程。在被问到“您上职业道德教育课程感受如何”时,只有 18%的教师认为“课程很重要,学生很喜欢,自己也很享受”,22%的教师认为“对学生有帮助,感觉比较好”。具体数据见表 11。

表 11　　高职院校教师上大学生职业道德教育课的感受

选项	选择人数	占比(%)
A. 课程很重要,学生很喜欢,自己很享受	88	18
B. 对学生有帮助,感觉比较好	108	22
C. 学生不重视,感觉一般	14	3
D. 没上过这门课,不好说	278	57

(四)高职院校教师对讲授大学生职业道德教育课的授课方法持开放态度

1. 案例教学和理论与实践结合法是讲授职业道德教育课的主要教学方法。在被问到“在讲授大学生职业道德教育课程时一般采用哪几种方法”时,65.5%的教师回答会采用案例教学法,65.7%的教师采用理论讲述与实践相结合的方法。具体数据见表 12。

表 12　　高职院校大学生职业道德教育课程讲授方法(多选)

选项	选择人数	占比(%)
A. 一般讲述	112	23
B. 案例教学法	320	66
C. 理论讲述与实践结合法	321	66
D. 其他	161	33

2.有五成的高职院校大学生职业道德教育课考核采用理论与实践相结合的考试方法。在被问到大学生职业道德教育课考核的方式时，50%的教师回答是以理论与实践相结合的方式，38%的教师回答是以考查的方式。具体数据见表13。

表13　　高职院校大学生职业道德教育课考核方式

选项	选择人数	占比(%)
A.考试	57	12
B.考查	187	38
C.理论考试和实践考核结合	244	50

3.高职院校教师对学校进行大学生职业道德教育的方式方法持开放态度。在被问到大学生职业道德教育应采取的方式时，69%的师认为应进行职业道德传授，78%的教师认为应在各专业课教学中渗透，63%的教师认为应到相关企业或实习基地学习。具体数据见表14。

表14　　高职院校教师对大学生职业道德教育课程教学方法的态度(多选)

选项	选择人数	占比(%)
A.进行职业道德教育课讲授	334	68
B.在各专业课教学中渗透	382	78
C.到相关企业或实习基地学习	309	63
D.主题讲座	278	57
E.平时参与社会实践和社团活动	252	52

四、高职院校大学生职业道德教育存在的问题

加强对高职大学生的职业道德教育，是扭转高职院校教学中重能力培养轻育人根本、重专业教学轻职业道德教育倾向的需要，是提高高职院校学生素质、实现高职教育培养目标的需要。通过对高职院校教师关于大学生职业道德教育调查结果进行分析，当前高职院校大学生职业道德教育方面还存在以下问题：

1.高职院校对大学生职业道德教育不够重视。很多高职院校并没有开设专门的大学生职业道德教育课程，而是将大学生职业道德教育和思想品德教育、就业指导教育等进行融合，这样就会减少职业道德教育的比重，导致讲解这部分内

容的课时不够,教师教学感受成就感不强,因此不能进行一些深入的讲解和探讨,更不用说实践探索了。而且高职院校在大学生职业道德教育方面的投入也比较少,这样也会对其教学效果产生影响。

2.教师队伍比较薄弱。一是,没有专门的大学生职业道德教育教师队伍。多数高职院校大学生职业道德教育课授课教师除思政课教师外,多为辅导员、教导员等行政人员兼任,其主要精力没有放在教学工作上。二是,无论是专职思政课教师还是辅导员等兼职教师,大多从学校到学校,没有企业经历,而且多为年轻教师,他们对自己的职业道德——教师职业道德理解就不够深入和透彻,也没有企业工作经历,对其他行业职业道德更无从体验。所以,高职院校大学生职业道德教育专兼职教师队伍无论数量还是质量都相对不足和薄弱,不能真正承担起大学生职业道德教育课程的讲授,更不能现身说法,榜样示范。

3.大学生职业道德教育的内容陈旧单一。职业道德应具有鲜明的时代性,但目前的大学生职业道德教育主要内容多年来没有及时更新,相对来说比较陈旧。同时,教材上的内容太过概念化、理论化、笼统、陈旧,缺少生动的有时效性的案例,导致学生缺乏学习兴趣。随着经济的发展,社会上出现的新职业越来越多(比如滴滴打车、淘宝等新兴行业),相应的职业道德范畴也不断扩大,如果仅靠书本上的那些条条款款来教育约束从业者,肯定是不能适应社会发展要求的。因此,不管是学校还是教师都应该积极行动起来,进行教研教改,使其与社会经济发展同步。

4.教学方法陈旧,手段落后。大学生职业道德教育教学方法过于陈旧,目前课堂理论讲解仍然是主要的方法,虽然也有部分院校采用理论与实践相结合教学方法,但是比例过小,效果不能体现,对于学生的学习积极性没有实质性效果。

五、提高高职院校大学生职业道德教育效果的建议

1.营造良好的大学生职业道德教育氛围。校园生活是学生的主要生活场地,营造校园生活文化环境,对于学生的身心健康以及学业都具有较好的影响。因此,开展丰富多样的校园活动,引企入校,将企业优秀文化与学校文化渗透融合,对于推动高职院校大学生职业道德教育具有良好的作用。

2.拓宽教育思路,丰富教育形式。要改善教学方法,多使用先进的教学手段,如“网络教学”“多媒体教学”“情景式教学”等新型教学模式,让学生更直观、更有效地接受职业道德教育。另外,学校可以开展一些有教育意义的文化活动,寓思想教育于学生喜闻乐见的各项活动之中,使学生在不知不觉中接受职业道德规范。同时,学校要加强与相关企事业单位密切配合,邀请企业的一些劳动模

范、优秀职员到学校作报告，组织学生到企业参观访问等等，学校还要加强与社会以及家庭的密切配合，以形成全方位、立体化的教育网络。

3.加强师资队伍建设。高职院校的师资队伍水平是教育质量的重要保障，通过培养和聘用专业的优秀职业道德教育讲师来进行教学，能够提升大学生职业道德教学的专业性。同时，让一些职业道德水平较高的教师兼任大学生职业道德教育课，先对他们进行相关理论知识的培训，这样可以起到示范性作用。也可聘请企业优秀职员承担课程重要内容的讲授，以增强课程现实感和实效性。

4.树立正确的指导思想，完善职业道德教育体系。搞好高职大学生的职业道德教育一定要坚持以社会主义核心价值观为指导，用习近平新时代中国特色社会主义思想武装学生，学校不仅要开设专门大学生职业道德教育课进行职业道德教育，还要通过其他学科特别是专业课教学等环节，以及丰富多彩的课外活动来进行职业道德教育的全面渗透，并对社会实践活动、岗位实习等进行全面、科学的评价，让学生逐步树立职业意识、敬业意识、服务意识、质量意识、法纪观念和团队意识。把职业道德教育与就业能力、职业能力、岗位适应能力的培养紧密结合起来，全面提高学生的社会责任感和职业责任感，养成良好的职业道德行为习惯。

高职院校大学生职业道德教育现状调研报告（企业管理者卷）

为全面了解高职院校大学生职业道德教育状况，发现问题，研究对策，培养更优秀的复合型高素质技能型人才，我们决定从高职院校在校大学生、高职教师、企业职员（已毕业大学生）、企业管理者四个维度对高职院校大学生职业道德教育状况进行问卷调查，以获得第一手资料。本次问卷调查是在企业管理者中进行的，他们在百忙中积极配合了这次调查，我们表示衷心感谢！

一、调查的基本情况

为使高职院校大学生职业道德教育更有针对性和实效性，本次高职院校大学生职业道德教育调查从企业管理者角度，采取网上问卷调查的形式，于 2018 年 11～12 月进行。调查对象分别是山东银座汽车有限公司（国有企业，主要从事服务业）49 人、山东明仁福瑞达制药股份有限公司（国有控股企业，主要从事制造业）66 人，基层、中层和高层管理者均有参加。本次共发放调查问卷 135 份，收回有效问卷 115 份，有效回收率 85.1%。

本次调查所有数据都是采集的原始数据，真实有效。

二、问卷设计

企业管理者作为企业中选人用人的主要责任者，他们对职员的要求与普通职员有着不同的视角，与高校教师和在校大学生视角也有很大不同。为更好地深入了解大学生职业道德教育情况，我们从管理者更有发言权的“使用者”角度设计了这份问卷。问卷分四部分共计 21 题，其中选择题 20 个，开放题 1 个。第一部分即第1～3题是企业管理者的基本信息情况，包括性别、年龄、学历和职务；第二部分即第4～7题是对当前经济形势判断和企业选人用人标准等；第三部分即第8～12题是对职业道德认知与判断；第四部分即第13～17题是对大学生职业道德状况基本评价；第五部分即第18～20题是对高职院校大学生职业道德教育的认知与评价；第六部分即第21题是开放题，对高职院校大学生职业道德教育的建议。

三、调查内容及结果

本次调查用于结论性评价术语及等级有"好(强)""较好(强)""一般(一般强)""较差""极差"等五个等级。五个等级划分标准分别是：90％及以上为"好(强)"，75％～89％为"较好(强)"，60％～74％为"一般"，45％～59％为"较差"，45％以下为"极差"。具体调查情况及结果如下。

(一)被调查者基本信息情况

1.在接受调查的企业管理者中，男性占六成多，女性占近四成。数据表明，企业中男性管理者占绝大多数。具体数据见表1。

表1　被调查者性别比例

选项	选择人数	占比(％)
A.男	73	63.5
B.女	42	36.5

2.本次调查对象——企业管理者，我们选取的是基层、中层和高层三个层次的管理者。他们的年龄情况是：35～40岁的管理者占比例最大，占比33.0％；其次是31～35岁的管理者，占比31.3％；23～30岁的占13.9％。具体数据见表2。

表2　被调查者年龄情况

选项	选择人数	占比(％)
A.23～30岁	16	13.9
B.31～35岁	36	31.3
C.35～40岁	38	33.0
D.41～45岁	11	9.6
E.46～50岁	9	7.8
F.51～55岁	5	4.4
G.56岁及以上	0	0

3.本次调查对象——管理者的学历情况是,本科占比最高,为50.4%;其次是专科,占比32.2%;硕士研究生占比8.7%。具体数据见表3。

表3　被调查者学历情况

选项	选择人数	占比(%)
A.专科	37	32.2
B.本科	58	50.4
C.硕士研究生	10	8.7
D.博士研究生	0	0
E.其他	10	8.7

(二)企业选人用人标准

1.对当前中国经济形势的基本判断。经济的发展影响着社会文明及职业道德的进步,本次调查时,中美贸易战正在进行,中国经济受到一定影响,为此我们想了解企业管理者对中国经济形势发展的看法。大多数管理者对中国经济充满希望,所占比例为49.6%;37.4%的管理者对中国未来经济比较乐观;有少数人认为未来经济发展一般,所占比例为11.3%;极少数人对未来经济持悲观看法。具体数据见表4。

表4　企业管理者对中国经济形势看法

选项	选择人数	占比(%)
A.充满希望	57	49.6
B.比较乐观	43	37.4
C.一般	13	11.3
D.比较悲观	2	1.7
E.很悲观	0	0
F.不好说	0	0

2.制约企业发展的主要因素是企业内部管理体制机制和国家政策和体制。企业发展离不开内外部环境,被调查的企业管理者认为,当前制约(影响)企业发展的主要因素排在前几位的依次是:内部管理体制机制,占比33.0%;国家政策、体制机制,占比23.5%;拔尖人才短缺,占比19.1%;中国经济大环境不好,排在第四位,占比16.5%。调查数据显示,制约或影响企业发展的关键因素不

是外部(中美贸易战对中国经济造成的不利等),更多来自企业内部。所以,企业的发展必须更多地依靠企业自身的造血功能才能立于不败之地。具体数据见表5。

表5　企业管理者认为制约(影响)企业发展的主要因素

选项	选择人数	占比(%)
A. 国家政策、体制机制	27	23.5
B. 内部管理体制机制	38	33.0
C. 中国经济大环境不好	19	16.5
D. 资金	8	7.0
E. 拔尖人才短缺	22	19.1
F. 劳动力缺乏	1	0.9

3. 企业选人标准更加务实。调查数据显示,在选人方面,四成多的企业管理者会因岗位而定,不唯学校、学历,认为综合素质和能力才是最基本的。近三成的人认为英雄不问出处,主要看毕业生的综合素质和能力。也有些管理者更加看重求职者的人品道德。有极少数人看重学历的重要性,认为学历是第一位。具体数据见表6。

表6　企业管理者选人标准

选项	选择人数	占比(%)
A. 看重学校,非“985”“211”高校毕业不要	0	0
B. 看重学历,研究生最好,本科次之,高职最后	4	3.5
C. 因岗位需求而定,不唯学校、学历	49	42.6
D. 英雄不问出处,主要看毕业生的综合素质和能力	34	29.6
E. 更加看重求职者的人品道德	24	20.9
F. 更加看重求职者的技术技能	4	3.5

4. 企业用人标准更注重做人。调查数据显示,近六成的企业管理者认为,“做人第一,德才兼备”是用人的第一选择;近三成的管理者认为,“做人与专业技能并重”也很重要,在做人的基础上兼顾技能的发展,这也是社会需要的人才;不到10%的人选择“根据岗位不同确定用人标准”;但还有极少数人认为技能为先。具体数据见表7。

表 7 企业用人标准

选项	选择人数	占比(%)
A. 做人第一,德才兼备	67	58.3
B. 技能为先,兼顾品德	5	4.4
C. 做人与专业(技能)并重	34	29.6
D. 根据岗位不同确定用人标准	9	7.8
E. 其他	0	0

(三)企业管理者对职业道德的认知和基本判断

1. 企业管理者对当前社会职业道德总体评价一般。调查数据显示,被调查者对当前社会职业道德的基本评价如下:认为好的占近两成,认为较好的占四成多,两项合计占六成多;三成多的人认为一般。具体数据见表 8。

表 8 企业管理者对当前社会职业道德状况评价

选项	选择人数	占比(%)
A. 好	22	19.1
B. 比较好	53	46.1
C. 一般	38	33.0
D. 比较差	1	0.9
E. 极差	1	0.9

2. 社会风气对职业道德状况影响比较大。调查数据显示,影响职业道德的主要因素排前三位的是:有四成多企业管理者认为受社会道德风气不好影响;近两成管理者认为,企业不重视职业道德教育,职业者本身素质比较差;一成多管理者认为法律法规不健全,约束力不够;还有不到一成管理者认为,学校教育不够。具体数据见表 9。

表 9 企业管理者认为影响职业道德状况因素

选项	选择人数	占比(%)
A. 企业重利忘义	9	7.8
B. 受社会道德风气不好影响	50	43.5
C. 学校教育不够	8	7.0
D. 企业不重视职业道德教育,职工素质差	18	15.7
E. 法律法规不健全,约束力不够	14	12.2
F. 其他	16	13.9

3. 职业道德主要靠内心信念和规章制度起作用。近六成企业管理者认为职业道德是靠内心信念起作用，心中的想法是职业道德产生与发展的基础，信仰坚定，才能遵守道德；三成多的管理者认为只有规章制度才能使人遵守职业道德；有少数管理者认为是通过社会舆论、传统习俗起作用。数据显示，职业道德归根结底是由内心信念和企业规章制度共同发挥作用。具体数据见表 10。

表 10　　企业管理者认为职业道德靠什么发挥作用

选项	选择人数	占比(%)
A. 社会舆论	4	3.5
B. 传统习俗	3	2.6
C. 内心信念	68	59.1
D. 规章制度	40	34.8

4. 职业素质能力构成要素。职业生涯中必须具备的素质和能力有哪些？调查数据显示，企业管理者认为排在第一位的是职业道德素质，占比三成多；并列第二位的是执行力和自我学习能力，各占两成多。还有少数人认为，沟通能力、业务能力、创新能力是职业生涯中必备的能力。具体数据见表 11。

表 11　　企业管理者认为职业素质、能力构成要素

选项	选择人数	占比(%)
A. 业务能力	8	7.0
B. 沟通能力	11	9.6
C. 创新能力	7	6.1
D. 执行力	25	21.7
E. 职业道德素质	37	32.2
F. 良好的心理素质	2	1.7
G. 自我学习能力	25	21.7

5. 职业态度是职业道德最重要的核心要素。调查数据显示，企业管理者认为，构成职业道德诸方面中，最基础、核心方面主要包括职业态度、职业良心和职业理想，这种结果可能是企业管理者主要围绕完成工作任务进行排序的。但学校与企业不同，学校在进行大学生职业道德教育时，往往按照人的思想认识规律和教育规律，由远及近，按重要性排序，一般应该是职业理想、职业良心和职业态度。企业与学校对职业道德因素重要性的排序之所以反差这么大，是因为两者

对教育对象(管理对象)所赋予的责任不同所造成的,不是本质上的差别,只是社会所赋予两者的责任因在社会所处的位置不同而已。不管顺序如何,其具体内容和要求是一致的。具体数据见表12。

表12　企业管理者认为职业道德因素构成

选项	选择人数	占比(%)
A. 职业理想	9	7.8
B. 职业态度	76	66.1
C. 职业技能	6	5.2
D. 职业良心	15	13.0
E. 职业荣誉	2	1.7
F. 职业作风	4	3.5
G. 职业义务	3	2.6
H. 其他	0	0

6. 爱岗敬业是职业道德主要内容。关于职业道德主要内容,调查数据显示,四成多的企业管理者赞成"爱岗敬业",近三成管理者认为"诚实守信"也是职业道德很重要的一部分,两成管理者赞成"合作意识、大局观"也是职业道德的具体体现。具体数据见表13。

表13　企业管理者认为职业道德主要内容

选项	选择人数	占比(%)
A. 爱岗敬业	48	41.7
B. 诚信守信	30	26.1
C. 办事公道	1	0.9
D. 服务群众	0	0
E. 奉献精神	5	4.4
F. 有合作意识,大局观念强	23	20.0
G. 不墨守成规、敢于创新的拼搏精神	3	2.6
H. 不怕挫折、不随意放弃的行为方式	4	3.5
I. 其他	1	0.9

7. 职业道德对企业管理者就业和职业发展作用非常大。调查数据显示，共有97.4%管理者认为职业道德对其就业和职业发展很重要，意义“非常大”或“比较大”。具体数据见表14。

表14　　企业管理者认为职业道德对其就业和职业发展的作用

选项	选择人数	占比(%)
A. 非常大	70	60.9
B. 比较大	42	36.5
C. 不大	1	0.9
D. 没考虑过	2	1.7

(四)企业管理者对大学毕业生职业道德状况基本评价

1. 企业管理者对刚入职大学毕业生职业道德状况总体评价不高。调查数据显示，五成多的管理者对刚入职大学毕业生职业道德总体情况认为“好”或“比较好”，两项共占53.9%；四成多的管理者认为“一般”。数据表明，学校进行的职业道德教育不够，大学生职业道德教育有待进一步提高。具体数据见表15。

表15　　企业管理者对刚入职大学生职业道德总体评价

选项	选择人数	占比(%)
A. 好	12	10.4
B. 比较好	50	43.5
C. 一般	49	42.6
D. 比较差	3	2.6
E. 极差	1	0.9

2. 企业管理者认为职业道德对大学生就业和职业发展作用非常大。调查数据显示，有五成多管理者认为职业道德与大学生就业关系“非常大”，有四成多管理者认为“比较大”，两项合计占95.7%；只有极少数管理者认为两者关系不大。具体数据见表16。

表 16　　职业道德对大学生就业与职业发展的作用

选项	选择人数	占比(%)
A. 非常大	60	52.2
B. 比较大	50	43.5
C. 不大	4	3.5
D. 没考虑过	1	0.9

3. 企业管理者认为大学生职业道德素质最突出的缺点是缺乏认真踏实的工作态度。调查数据显示,大多数管理者认为,大学生职业道德素质最突出的缺点排前三位的是:缺乏认真踏实的工作态度,缺乏吃苦耐劳的工作作风,好高骛远、眼高手低、轻易放弃的行事作风。具体数据见表 17。

表 17　　企业管理者认为大学生职业道德素质最突出的缺点(多选)

选项	选择人数	占比(%)
A. 缺乏认真踏实的工作态度	74	64.3
B. 缺乏合作共事的团结意识	26	22.6
C. 缺乏吃苦耐劳的工作作风	57	49.6
D. 缺乏虚心好学、尊敬前辈的谦虚态度	17	14.8
E. 缺乏守时、诚信的个人品质	3	2.6
F. 好高骛远、眼高手低、轻易放弃的行事作风	38	33.0
G. 其他	4	3.4

(五)企业管理者对高职院校大学生职业道德教育的认知

1. 本科院校和高职院校都应该重视大学生职业道德教育。调查数据显示,六成多的企业管理者认为,高职院校和普通本科院校都应重视大学生职业道德教育。虽然学校类别不同,但是最终培养的学生都是必须走上社会的,这就需要较好的职业道德。所以,大多数企业管理者认为,大学生职业道德教育不应是高职院校的“专利”,但还是有近三成的管理者选择了高职院校比普通本科院校更应该重视职业道德教育,只有 3.5%的管理者不认同大学生职业道德教育是高职院校的“专利”。在选项“都应该重视”中,企业管理者实际暗含高职院校应该重视大学生职业道德教育,加上第一项特别强调高职院校应该加强大学生职业道德教育,赞同高职院校重视大学生职业道德教育的比例,应该是两项之和,即 96.5%。具体数据见表 18。

表 18　高职院校与本科院校应重视大学生职业道德教育情况

选项	选择人数	百分比(%)
A.是	34	29.6
B.不是	4	3.5
C.都应该重视	77	67.0

2.职业道德教育在大学里和职场中都应该进行。职业道德教育应该何时进行比较好？调查数据显示，在这一问题的回答上，七成多的企业管理者认为在大学里和职场中都应该进行；有两成管理者认为必须在大学里进行，为入职提前做好准备；还有极少数人认为，到社会后“树大自然直”，自己会形成一定的职业道德。具体数据见表 19。

表 19　企业管理者认为进行职业道德教育比较合适的阶段

选项	选择人数	百分比(%)
A.必须在大学里进行，为入职提前做好准备	23	20.0
B.入职后在岗位上受教育，自然就会养成	4	3.5
C.在大学里和职场中都应进行	84	73.0
D.没考虑过	1	0.9
E.其他	3	2.6

3.学校进行大学生职业道德教育的方式应该多种多样。调查数据显示，企业管理者认为，学校进行大学生职业道德教育的主要方式，排前三位的是：应该与学校日常教育管理相结合，培养大学生职业道德意识和职业习惯；应以体验式教学为主，比如实训、社会实践；在工学结合、顶岗实习、订单培养等工作岗位中直接培养职业道德素质。认为“以课堂传授、了解知识内容为主”不到 2%，还有近两成管理者赞成“多种形式相结合，通过多方面培养学生职业道德”。具体数据见表 20。

表 20　企业管理者认为学校进行大学生职业道德教育的主要方式

选项	选择人数	占比(%)
A.以课堂传授、了解知识内容为主	2	1.7
B.应以体验式教学为主，比如实训、社会实践等	31	27.0
C.工学结合、顶岗实习、订单培养等，在工作岗位中直接培养	28	24.4
D.与学校日常教育管理相结合，培养学生职业道德意识	35	30.4
E.以上多种形式相结合	19	16.5

四、存在的主要问题

通过调查我们发现高职院校在大学生职业道德教育方面存在以下主要问题。

(一)企业管理者对当前社会职业道德总体状况评价一般

1.企业管理者对当前社会职业道德整体评价一般。调查数据显示,管理者对当前社会职业道德总体情况评价一般,认为较好及以上的占65.2%。职业道德是社会主义核心价值观的重要组成部分,国家、学校和企事业单位都应该更加重视职业道德教育和建设工作。

2.受不良社会风气影响,是当前社会职业道德状况不好的主要原因。调查数据显示,企业管理者认为,当前社会职业道德状况不好的主要原因,排前三位的是:受社会道德风气不好影响,占43.5%;企业不重视职业道德教育,职工本身素质比较差,占15.7%,法律法规不健全,约束力不够,占12.2%。职场是社会活动的重要组成部分,职业道德状况受社会大环境影响很大。所以,加强职业道德建设的同时,必须加强社会主义核心价值观教育,只有社会大环境好了,社会人员整体道德水平提高了,作为社会整体道德一部分的职业道德水平也会受其影响而逐步提高。

(二)企业管理者对刚入职大学毕业生职业道德总体情况评价不高

1.企业管理者对刚入职大学毕业生职业道德总体情况评价不高。企业管理者对刚入职大学毕业生职业道德总体情况评价,认为好的占10.4%,比较好的占43.6%,两项合计占54.0%;而对社会职业道德状况评价,这两项合计占比是65.2%。调查数据显示,管理者对刚入职大学毕业生职业道德总体情况评价比对当前社会职业道德总体情况评价还要低11.2个百分点,这个调查结果大大出乎调查负责人想象!大学生是社会生产力的主力军,随着我国高等教育大众化,越来越多的高职生走上工作岗位,高职院校作为培养生产、管理、服务一线人才的主要阵地,其培养的人才是否符合企业和社会对劳动者的要求,这组数据充分说明,高职院校在人才培养标准方面还没有达到一定水平,高职院校加强职业道德教育的必要性和紧迫性显而易见。高校大学生职业道德教育工作任重而道远。

2.当前大学生最缺乏的职业道德素质是职业态度。调查数据显示,企业管理者认为大学生职业道德最核心要素排前三位的是:职业态度,占比66.1%;职业良心，占比13.0%；职业理想，占比7.8%。这组数据与另一组关于职业道德具体内容的调查数据相吻合，即企业管理者认为大学生最缺乏的职业道德内容，排前三位的是：认真踏实的工作态度，占比64.3%；吃苦耐劳的工作作风，占比49.6%；合作共事的团结意识，占比22.6%。认真踏实的工作态度和吃苦耐劳的工作作风都属于职业态度，企业管理者认为，职业态度对于职业人来说是所有职业道德素质中最为关键的一条，而大学生最缺乏的也是这一条。这就要求无论高校还是大学生自己都要加强对职业态度的教育和修炼。

（三）职业道德对大学毕业生就业和职业发展影响都非常大

职业道德对企业管理者和大学毕业生就业及职业发展作用（影响）都非常大。调查数据显示，企业管理者认为职业道德对自己当初就业和职业发展影响非常大，占比60.9%；认为职业道德对大学毕业生就业及职业发展作用非常大，占比52.2%。前一数据比后者高出8.7个百分点。之所以出现这种情况，可能有两方面原因：一是管理者高度重视职业道德，认为自己的职业发展得益于职业道德对自己的重大影响，自己是职业道德的受益者；二是虽然职业道德是职员极其重要的素质，但随着时代发展和科学技术进步，企业管理者更加注重职员技术和技能。所以，这两组数据有近10个百分点的落差，也许是时代变化的结果。

（四）企业选人用人标准更加务实，对职业道德素质要求越来越高

1.企业选人标准更加务实，不唯学历和学校。调查数据显示，企业选人标准排前三位的是：因岗位需求而定，不唯学校、学历，占比42.6%；英雄不问出处，主要看毕业生的综合素质和能力，占比29.6%；更加看重求职者的人品道德，占比20.9%。尤其是有两成管理者把求职者人品道德作为选人的第一要素，可见，人品道德在职业发展中的地位和作用。

2.企业用人更加重视职业道德素质。调查数据显示，企业用人标准排前两位的是：做人第一，德才兼备，占比58.3%；做人与专业（技能）并重，占比29.6%。“做人第一”比“做人与专业技能并重”高出28.7个百分点，这充分说明职业道德在人的职业发展中的重要作用。

（五）职业道德素质要素构成对职业道德教育的启示作用

1.企业认同的职业道德最核心要素为学校进行大学生职业道德教育带来启示。调查数据显示，企业管理者认为最核心的职业道德素质排前三位的分别是：职业态度、职业良心和职业理想。企业是用人单位，效益优先是企业终极目标，劳动者的态度，尤其是对一般中小型服务企业，是企业效益的最终决定因素，所

以,企业把职业态度作为职业道德素质第一核心要素,把职业理想排在第三位,而且占比不到10%。而高校是培养人的地方,职业理想是衡量高校培养人才质量的核心指标,职业态度也是职业道德的重要内容,但与职业理想相比,职业态度稍次之,这与企业对职员的职业道德核心要素的要求,按重要性排序是有一定差别的。高校在进行大学生职业道德教育时,应该注意或关注这一差别,既要关照学生树立远大职业理想和个人职业发展需求,更要关注对学生职业态度的培养。因为职业态度决定大学生能否顺利就业,而职业理想决定其职业生涯能否走得更远,两者都要重视,不可偏废。从某种意义上来说,职业理想的培养更能解决学生就业和企业发展问题,更为根本和必要。

2. 爱岗敬业等务实标准成为企业最注重的职业道德内容。现在企业不仅选人用人非常务实,而且对人才的要求也更加务实落地,“用得上,靠得住,留得下”始终是中小型企业的用人标准。调查数据显示,企业管理者所理解的职业道德主要内容排前三位的是:爱岗敬业,占比41.7%;诚实守信,占比26.1%;有合作意识,大局观念强,占比20.0%。三组数据充分说明企业对职员的职业态度、职业价值观的高度重视。热爱是最好的老师,态度决定一切,只要有了这两条,加上过硬的专业技能,企业“用得上,靠得住,留得下”的用人需求标准就能满足。

(六)职业道德教育应该与学校日常教育教学管理相结合,并更加注重体验式教学,在工学结合、顶岗实习等环节培养学生良好的职业道德感

1. 大学生职业道德教育不是高职院校的“专利”。高职院校与普通本科院校培养人才目标定位虽然有所不同,但调查数据显示,企业管理者认为,高职院校和本科院校“都应该重视”职业道德教育,占比67.0%;有29.6%的管理者认同“高职院校更应重视职业道德教育”这个观点;只有3.5%的管理者不赞同这个观点。无论是高职院校还是本科院校,都是为社会培养人才的,企业作为人才的主要接受单位,他们对人才的质量有自己的衡量标准,职业道德是衡量人才的核心指标,无论是哪种类型的学校,都必须把职业道德培养放在首位。当然,高职院校更是直接为生产、服务、管理培养一线人才,这些企业对职业道德要求标准更高,所以高职院校应该更加重视职业道德教育,这既是学校定位的客观要求,也是企业对学校的必然需求。

2. 职业道德教育是学校和职场永恒的话题。调查数据显示,企业管理者认为大学生职业道德教育必须“在大学里进行,为入职提前做好准备”占20%,认为“在大学里和职场中都应进行”占73.0%,两项合计,认同高职院校应该进行职业道德教育的占93.0%。调查数据显示,企业管理者非常认同高职院校进行大学生职业道德教育。但同时他们认为,职业道德教育对于企业和职业人来说,

是个永恒的话题，有七成多的管理者认为，大学和职场都应进行职业道德教育。

3.职业道德教育方式可以多种多样，多途径进行，更重实践体验性。调查数据显示，企业管理者比较认同的职业道德培养方式排前四位的是："与学校日常教育管理相结合，培养职业道德意识和职业习惯"，占比 30.4%；"应以体验式教学为主，比如实训、社会实践等"，占比 27.0%；"工学结合、顶岗实习、订单培养等，在工作岗位中直接培养"，占比 24.4%；"以上多种形式相结合"占比 16.5；只有 1.7%的人选择"以课堂传授、了解知识内容为主"。调查数据显示，企业管理者对学校进行大学生职业道德教育培养的方式更加赞同多种方式、多种途径，更加赞成体验式教学和在顶岗工作岗位中直接获得职业道德感，而不赞成以课堂教学为主，获得相关职业道德知识。这种认知也非常符合职业道德教育本身规律，一切知识尤其是内心信念起作用的道德感和精神层面的东西，必须经过被教育者的亲身体验才能内化成为自己的东西。这就提醒高职院校教育工作者和管理者，在进行职业道德教育时，多以学生的参与感代替教师的"说教"，这样的效果会更好。

五、对策及建议

针对存在的以上主要问题，提出以下对策及建议：

1.高校必须认识到重视和加强大学生职业道德教育的紧迫性和必要性。高校是为社会培养人才的高地，职业道德素质既是职业人的必然要求也是社会人的必备素质，因为职业道德建设也是社会主义核心价值观的重要内容。调查数据显示，企业管理者对刚毕业大学生职业道德素质评价低于社会职业道德整体水平，这不得不引起社会尤其是教育主管部门和高校教育管理者的深思和反省。一方面，高校培养的大学生不能充分就业或不能高质量就业；另一方面，企业却苦于找不到更适合企业发展需求的高质量人才，可以"用得上，靠得住，留得下"。这一矛盾出现，除了高校知识、能力更新跟不上时代、科学技术的进步外，还与高校培养的大学生其综合素质(尤其是职业道德素养)不能很好符合企业需求有直接关系。高校必须把学生职业道德教育摆到日程上来，不能"说起来重要，忙起来、做起来不重要"，必须从思想认识到措施上有所行动，才能更好更多地为社会为企业培养更优秀的人才。

2.大学生职业道德教育必须从高处着眼，从低处入手，将学生的职业态度培养贯穿于整个职业道德教育过程中。职业理想、职业良心和职业态度是职业道德的核心内容，按照教育规律，我们往往把职业理想、信念、良心等意识形态方面内容放在首位进行教育实施，而把职业态度、职业纪律等行为层面东西放在后面进行,或者我们更注重于理论上的讲述而忽略实践层面上的培养。调查数据充分说明,企业管理者更加看重大学生职业态度的培养,职业理想被排在第三的位置上,职业态度不仅仅来自对职业(行业)的认知,更来自于日常学习、生活等习惯的养成和在实践中对职业的了解和改变。所以,高校要改变过去理想大于天的教育理念,将职业理想、职业纪律、职业态度、职业良心等内容揉碎融合于学生日常教育管理工作,在教育教学中渗透职业理想、职业态度等概念,以便达到"润物无声"的教育效果。

高职院校大学生职业道德教育现状调研报告(企业职员卷)

为全面了解高职院校大学生职业道德教育状况,发现问题,研究对策,培养更优秀的复合型高素质人才,我们决定从高职院校在校大学生、高职教师、已毕业大学生(企业职员)、企业管理者四个维度对高职院校大学生职业道德教育进行问卷调查,以期获得第一手资料。本次问卷调查是在企业职员(已毕业大学生)中进行的,他们在百忙中积极配合了这次调查,我们表示衷心感谢。

本次调查所有数据都是采集的原始数据,真实有效。

一、调查的基本情况

为使高职院校大学生职业道德教育更有针对性和实效性,本次高职院校大学生职业道德教育调查,是从企业职员(已毕业大学生)角度,采取网上问卷调查的形式,于2018年10～11月份进行。调查对象分别是山东银座汽车有限公司(国有企业,主要从事服务业)、山东明仁福瑞达制药股份有限公司(国有控股企业,主要从事制造业)的职员,本次共发放问卷450份,回收有效问卷378份,有效回收率84%。

二、问卷设计

问卷分五部分,共计28题,其中选择题27个,开放题1个。第一部分即第1～5题是职员的基本信息情况,包括性别、年龄、毕业学校、学历和专业;第二部分即第6～14题是对职业道德认知与判断;第三部分即第15～20题是对大学生职业道德状况基本评价;第四部分即第21～27题是对高职院校大学生职业道德教育的认知与评价;第五部分即第28题是开放题,对高职院校大学生职业道德教育的建议。

三、调查内容及结果

本次调查用于结论性评价术语及等级有“好(强)”“较好(强)”“一般(一般强)”“较差”“极差”等五个等级。五个等级划分标准分别是:90%及以上为“好(强)”,75%～89%为“较好(强)”,60%～74%为“一般”,45%～59%为“较差”,45%以下为“极差”。具体调查情况及结果如下。

(一)被调查者基本信息情况

被调查者中,男性占42.6%,女性占57.4%;年龄在20～29岁的占46.0%,30～39岁占35.7%,40～49岁占15.6%,50岁以上占2.7%;学历为硕士研究生以上的占1.6%,本科占25.7%,专科占40.2%,中专占19.8%,其他12.7%;毕业学校为“985”和“211”高校的占1.1%,普通本科院校占28.3%,示范高职院校占9.3%,一般高职院校占24.1%,中职院校占16.7%;专业背景为普通文科的占6.4%,普通理科占16.1%,工科占17.5%,经贸类占4.5%,农学类占0.5%,其他专业占37.6%。

(二)企业职员对职业道德认知和基本判断

1.五成多企业职员调查者对当前社会职业道德评价好或较好。对于当前社会职业道德状况的基本评价,近两成的人表示“好”,三成多的人表示“比较好”,两项合计占比54.4%;近四成的人表示“一般”;只有少数人认为“比较差”或者“极差”。具体数据见表1。

表1　企业职员对社会职业道德总体评价

选项	选择人数	占比(%)
A.好	71	18.8
B.比较好	131	34.7
C.一般	151	40.0
D.比较差	17	4.5
E.极差	8	2.1

2.企业职员认为社会职业道德不好的原因,主要是受社会道德风气不好影响。对于社会职业道德不好的原因,有31.0%的人认为是“受社会道德风气不好影响”,16.9%的人认为是“企业不重视职业道德教育,职业者本身素质差”。具体数据见表2。

表 2　　企业职员认为影响职业道德状况的因素

选项	选择人数	占比(%)
A. 企业重利忘义	25	6.6
B. 受社会道德风气不好影响	117	31.0
C. 职工很少或没接受过相关教育	41	10.9
D. 企业不重视职业道德教育,职工素质差	64	16.9
E. 法律法规不健全,约束力不够	51	13.5
F. 其他	80	21.2

3. 大多数企业职员认为职业道德靠内心信念和规章制度起作用。职业道德是社会道德体系的重要组成部分,它一方面具有社会道德的一般作用,另一方面又具有自身的特殊作用。对于职业道德主要靠什么起作用这个问题,有近六成的人认为内心信念起决定作用,还有三成多的人认为是规章制度的原因,只有少部分人认为是由社会舆论和传统习俗决定。具体数据见表 3。

表 3　　企业职员认为职业道德靠什么起作用

选项	选择人数	占比(%)
A. 社会舆论	23	6.1
B. 传统习俗	11	2.9
C. 内心信念	226	59.8
D. 规章制度	118	31.2

4. 八成多企业职员认为个人职业生涯必须受职业道德约束。对于个人职业生涯成长是否需要职业道德约束这个问题,有 82.3%的人表示"需要",还有 11.1%的人表示"自身自律能力很强,不需要",少部分人表示"职业生涯和职业道德无关"或者"不了解"。具体数据见表 4。

表 4　　企业职员认为个人职业生涯是否受职业道德约束

选项	选择人数	占比(%)
A. 不需要,自身自律性很强	42	11.1
B. 需要,健康职业生涯需要以此来督促	311	82.3
C. 职业生涯和职业道德无关	6	1.6
D. 不了解	19	5.0

5. 大多数企业职员认为职业道德对自己当初就业和目前工作影响“非常大”或“比较大”。职业道德对于企业职员当初就业和目前的职业发展影响应该是比较大的，有八成多的人认为是有一定影响的，只有不到一成的人认为“关系不大”，还有少部分人表示“没有考虑过”这个问题。具体数据见表5。

表5　　企业职员认为职业道德对自己当初就业和目前工作的影响

选项	选择人数	占比(%)
A. 非常大	153	40.5
B. 比较大	160	42.3
C. 不大	30	7.9
D. 没考虑过	35	9.3

6. 职业道德对职业生涯最大的作用是：事业核心竞争力和纠正不良工作行为习惯。职业道德是个人事业成功的重要条件和保证，关于职业道德对自身职业发展的最大好处是什么，大部分企业职员给出了肯定的答案，只有极少数人认为“没有什么好处可言”。具体数据见表6。

表6　　企业职员认为职业道德对职业生涯的影响和作用

选项	选择人数	占比(%)
A. 在就业竞争中有优势	40	10.6
B. 纠正不良的工作行为习惯	140	37.0
C. 是事业成功的最根本，也是核心竞争力	192	50.8
D. 没什么好处可言	6	1.6

7. 职业道德观念主要来自于工作经验和学校实训、顶岗实习等教学环节和学校日常管理养成的意识和习惯，课堂教学在职业道德教育中发挥的作用有限。在被问到职业道德观念来源的时候，有26.2%的企业职员表示来源于自身工作经验，24.6%的人认为是学校实训、顶岗实习、学徒制等教学环节中养成，还有18.8%的人认为是单位的职业道德教育。具体数据见表7。

表7　　企业职员职业道德来源(多选)

选项	选择人数	占比(%)
A. 学校职业道德教育课程	34	9.0
B. 专业课中教师渗透的职业道德	11	2.9
C. 学校实训、顶岗实习、学徒制等教学环节中养成	93	24.6

续表

选项	选择人数	占比(%)
D. 学校日常管理养成的职业道德意识和习惯	62	16.4
E. 在校期间社会实践	8	2.1
F. 工作经验	99	26.2
G. 单位的职业道德教育	71	18.8

8. 近八成企业职员认为企业选人更看重求职者的综合素质和人品道德。部分企业看重学历和毕业学校，但更多企业看重能力以及对工作的忠诚度。具体数据见表8。

表8　　企业职员认为企业选人标准

选项	选择人数	占比(%)
A. 看重学校，非“985”“211”高校毕业不要	3	0.8
B. 看重学历，研究生最好，本科次之，高职最后	77	20.4
C. 因岗位需求而定，不唯学校、学历	115	30.4
D. 英雄不问出处，主要看毕业生的综合素质和能力	103	27.3
E. 更看重就业者的人品道德	80	21.2

9. 四成多企业职员认为企业用人更看重“做人第一”，两成多企业职员看重“做人与专业(技能)并重”。从对“企业用人的标准”这个问题的回答来看，能力和做人准则被认为是一个重要的考量标准，有四成以上的企业职员认为“做人第一，德才兼备”更被看重，有两成以上的人认为“做人与专业(技能)并重”，还有近两成的人表示要“根据岗位不同确定用人标准”，有不到一成的人认为“技能为先，兼顾品德”。具体数据见表9。

表9　　企业职员认为企业用人标准

选项	选择人数	占比(%)
A. 做人第一，德才兼备	170	45.0
B. 技能为先，兼顾品德	25	6.6
C. 做人与专业(技能)并重	92	24.3
D. 根据岗位不同确定用人标准	73	19.3
E. 其他	18	4.8

10.职业道德核心素质排前三位的是:职业态度、职业良心和职业理想。对于构成职业道德核心素质诸方面中最基础核心方面应该包括的内容(限选三项),大多数企业职员认为有职业态度、职业良心和职业理想等,占比分别是54.8%、18.0%、10.6%,有7.1%的人还选择了职业技能,少数人选择了职业荣誉和职业作风等。具体数据见表10。

表10　企业职员认为职业道德核心素质(限选三项)

选项	选择人数	占比(%)
A.职业理想	40	10.6
B.职业态度	207	54.8
C.职业技能	27	7.1
D.职业良心	68	18.0
E.职业荣誉	4	1.1
F.职业作风	16	4.2
G.职业义务	5	1.3
H. 其他	11	2.9

11.职业道德主要内容排前三位的是:爱岗敬业;诚实守信;有合作意识,大局观念强。对于职业道德主要内容(限选三项)的理解,四成多的企业职员认为跟"爱岗敬业"挂钩,还有两成多的人认为跟"诚实守信"挂钩,一成以上的人认为要具有合作意识、大局观念,还有部分人认为跟办事公道,服务群众,奉献精神,不墨守成规、敢于创新的拼搏精神,不怕挫折、不随意放弃的行为方式等有关。具体数据见表11。

表11　企业职员认为职业道德主要内容(限选三项)

选项	选择人数	占比(%)
A.爱岗敬业	166	43.9
B.诚实守信	78	20.6
C.办事公道	18	4.8
D.服务群众	6	1.6
E.奉献精神	16	4.2
F.有合作意识,大局观念强	55	14.6
G.不墨守成规、敢于创新的拼搏精神	16	4.2
H.不怕挫折、不随意放弃的行为方式	16	4.2
I. 其他	7	1.9

12.职业生涯中必备的职业素质和能力排前三位的是职业道德素质、执行力和沟通能力，职业道德素质成为首选。对“职业生涯中必须具备的素质、能力有哪些(限选三项)”这个问题，38.1%的企业职员肯定了职业道德素质的重要性，15.2%的人觉得更应该具备执行力，12.2%的人肯定了沟通能力的重要性，还有10.3%的人认为需要具备业务能力，还有部分人表示创新能力、心理素质、自我学习能力也应该具备。具体数据见表12。

表12　　企业职员认为职业道德素质、能力构成(限选三项)

选项	选择人数	占比(%)
A. 业务能力	39	10.3
B. 沟通能力	46	12.2
C. 创新能力	25	6.6
D. 执行力	60	15.9
E. 职业道德素质	144	38.1
F. 良好的心理素质	30	7.9
G. 自我学习能力	34	9.0

(三)企业职员对大学生职业道德状况基本评价

1.企业职员认为刚入职大学毕业生职业道德状况一般。职业道德的高低，同时也决定了工作业绩。没有职业道德的人是做不好任何工作的，一个人要想成功固然需要知识、智慧和技能，而对自己所从事的工作没有热情，没有持之以恒、艰苦奋斗的敬业精神以及开拓创新的进取精神和冒险精神，即使是再聪明的人也会与成功失之交臂。对于刚入职大学毕业生在职业道德方面的总体评价，具体数据见表13。

表13　　企业职员对刚入职大学毕业生职业道德评价

选项	选择人数	占比(%)
A. 好	78	20.6
B. 比较好	154	40.7
C. 一般	141	37.3
D. 比较差	3	0.8
E. 极差	2	0.5

2.企业职员认为职业道德对大学生就业和职业发展非常重要的占八成多。职业道德是检验一个人价值的重要标准,是实现人生价值的重要条件,是事业成功的前提。我们要把工作当成自己的事业来做,要打心眼里热爱自己的岗位,开拓进取,才能取得成功。对于“职业道德对大学生就业和职业发展的影响”这个问题,近五成的人表示“非常大”,近四成表示“比较大”,只有少部分人表示“不大”。具体数据见表14。

表14　企业职员认为职业道德对大学生就业和职业发展的影响

选项	选择人数	占比(%)
A.非常大	173	45.8
B.比较大	147	38.9
C.不大	20	5.3
D.不清楚	22	5.8
E.没考虑过	16	4.2

3.企业职员认为大学毕业生职业道德最突出的缺点排前三位的是:缺乏吃苦耐劳的工作作风,缺乏认真踏实的工作态度,好高骛远、眼高手低、轻易放弃的行事作风。职业道德是检验一个人价值的重要标准,是实现人生价值的重要条件,是事业成功的前提。对于“大学毕业生在职业道德方面最突出的缺点是什么(限选三项)”这个问题,大部分人表示是缺乏吃苦耐劳的工作作风,缺乏认真踏实的工作态度,以及好高骛远、眼高手低的行事作风,占比分别是80.4%、76.5%、50.8%。具体数据见表15。

表15　企业职员认为大学毕业生职业道德素质最突出的缺点(限选三项)

选项	选择人数	占比(%)
A.缺乏认真踏实的工作态度	289	76.5
B.缺乏合作共事的团结意识	150	39.7
C.缺乏吃苦耐劳的工作作风	304	80.4
D.缺乏虚心好学、尊敬前辈的谦虚态度	122	32.3
E.缺乏守时、诚信的个人品质	37	9.8
F.好高骛远、眼高手低、轻易放弃的行事作风	192	50.8
G.其他	40	1.1

（四）企业职员对高校大学生职业道德教育的认知

1. 近六成企业职员对高校大学生职业道德教育状况不是很了解。具有良好的职业道德，有利于大学生未来的职业发展，大学生也应该不断提高自己的职业道德修养水平，向更高的职业道德水准迈进。对于是否了解大学生职业道德教育这个问题，有三成多的人有所了解，有近六成的人表示听说过，但具体不很清楚，还有近一成的人表示没有听说过此项活动。具体数据见表16。

表16　　企业职员对高校大学生职业道德教育活动认知情况

选项	选择人数	占比（%）
A. 了解	125	33.1
B. 听说过，但具体不很清楚	218	57.7
C. 没听说过	35	9.3

2. 七成多企业职员认为高职院校和本科院校都应该重视大学生职业道德教育。职业道德教育是不分层次的，它是面向全社会成员的一种道德规范。对于高职院校是否应比普通本科院校更应重视职业道德教育这个问题，两成多的人认为“是”，七成多的人表示“都应该重视”，还有少数人回答“不是”。具体数据见表17。

表17　　企业职员认为高职院校是否更应重视大学生职业道德教育

选项	选择人数	占比（%）
A. 是	90	23.8
B. 不是	19	5.0
C. 都应该重视	269	71.2

3. 企业职员认为在学校开展大学生职业道德教育中收获最大的方法，排前三位的是：学校实训、顶岗实习、学徒制等教学环节中养成，学校日常管理养成的职业道德意识和习惯，学校职业道德教育课程，占比分别是72.5%、70.1%和65.1%。将大学生职业道德教育深深植入校园文化当中，让学生在校期间时时刻刻都了解和牢记自己作为未来企业职员应具有的职业道德，从而能够使他们主动、自觉地重视和接受职业道德教育，培养职业道德情感，从而使职业道德内化为个体思想品德的一部分。在学校开展大学生职业道德教育培养方式应是多种多样的。调查显示，大部分人对于在校时的职业道德教育方式给予了充分肯定。具体数据见表18。

表18　企业职员认为学校开展的职业道德教育收获最大的方式(多选)

选项	选择人数	占比(%)
A. 学校职业道德教育课程	246	65.1
B. 在专业课中教师渗透的职业道德	180	47.6
C. 学校实训、顶岗实习、学徒制等教学环节中养成	274	72.5
D. 学校日常管理养成的职业道德意识和习惯	265	70.1
E. 在校期间社会实践	164	43.4
F. 没有收获	5	1.3

4. 近六成企业职员认为职业道德教育在大学里和职场中都应该进行,近三成更赞同必须在大学里进行,为入职提前做好准备。职业道德素养既是从业者综合素质的核心要素,也是用人单位对从业者的基本要求。大学生正处于从学校走向社会的过渡时期,职业道德素质是他们就业竞争力的重要因素。大学生职业道德教育应该是在大学时期就要有意识地培养,在入职后慢慢渗透,大学和职场都应该重视职业道德教育。具体数据见表19。

表19　企业职员认为职业道德教育应该进行的时机

选项	选择人数	占比(%)
A. 必须在大学里进行,为入职提前做好准备	99	26.2
B. 入职后在岗位上受教育,自然就会养成	43	11.4
C. 在大学里和职场中都应进行	217	57.4
D. 没考虑过	10	2.7
E. 其他	9	2.4

5. 近九成企业职员认为企业很有必要在职场中进行职业道德教育。对于是否有必要在工作中进行职业道德教育这一问题,近九成的人表示肯定。具体数据见表20。

表20　企业职员认为是否有必要在职场中进行职业道德教育

选项	选择人数	占比(%)
A. 有必要,对自身有帮助	336	88.9
B. 没必要,浪费时间	10	2.7
C. 没必要,制度、规则约束远比教育效果强	7	1.9
D. 没必要,职场环境、岗位职责就是最好的教育方式	25	6.6

6.近八成企业职员认为自己企业非常重视或比较重视职业道德教育。一个人只有爱岗敬业，以高度的职业荣誉感和自豪感焕发出对本职工作的激情，把身心融入职业活动中，才能在工作中充分发挥自己的聪明才智，做出出类拔萃的成绩；一个人只有把职业当成自己的事业而不仅仅是谋生的手段，做到干一行爱一行，才能成为社会的有用之才。因此，爱岗敬业、忠于职守是奉献社会、实现人生价值的重要途径。对于单位是否重视职业道德教育相关活动，近八成的企业职员表示“重视”或“比较重视”，只有极少数人表示“不重视”。具体数据见表21。

表21　企业职员认为单位是否重视职业道德教育

选项	选择人数	百分比(%)
A.非常重视	146	38.6
B.比较重视	154	40.7
C.一般	68	18.0
D.不重视	10	2.7

7.企业进行职业道德教育的方式多种多样。职业道德教育的形式是多种多样的，在被问到单位进行职业道德教育活动的方式时，大部分企业职员认可日常工作中融入、制度手段的约束、职场环境和要求的潜移默化。具体数据见表22。

表22　企业职员反映单位进行职业道德教育的方式(多选)

选项	选择人数	百分比(%)
A.日常工作融入职业道德教育内容	234	61.9
B.用制度、规则和考核等手段直接约束	154	40.7
C.专题教育、日常工作和制度规章等手段相结合	161	42.6
D.通过师徒制传授	73	19.3
E.职场环境、岗位职责就是最好的教育方式	203	53.7
F.其他	22	5.8

四、存在的问题及建议

(一)刚入职大学生职业道德水平好于当前社会职业道德水平，但都应该加强和提升

1.企业职员对大学生职业道德评价“较好”及以上的比例只有六成，高职院

校大学生职业道德教育有待进一步加强。随着我国高等教育的大众化和中等职业教育的大力发展,我国劳动者素质普遍提高,职业道德水平也相应得到提高;同时,随着我国经济高速发展和产业结构调整,第三产业越来越成为国民经济发展的重要支柱,企业对职员的选拔和培养也越来越重视职业道德的要求和培养。所以,我国社会职业道德水平普遍提高。高职大学生由于受过高等教育,高校也非常重视在校大学生的思想品德和职业道德教育,所以,大学生整体职业道德水平好于社会职业道德水平(“较好”及以上评价高于社会职业道德评价近10%)。但对于大学生职业道德水平“较好”及以上的评价只占61.3%,还是有很大的提升空间;还有37.3%的人认为“一般”。当然,我们不能把人的受教育水平与职业道德水平画等号,但两者的必然联系是显而易见的。之所以出现大学生职业道德评价“较好”及以上的比例只有六成,说明我们高职院校的大学生职业道德教育还有待进一步加强,大学生个人提升职业道德内心信念等素质也有待进一步提高,一些制约或影响职业道德建设的企业和社会因素也有待进一步加强。总之,这两组数据表明,无论是我国社会职业道德整体水平还是高职院校大学生职业道德素质都应该加强和提升。

2.社会职业道德不高的主要原因是受不良社会风气影响。调查数据显示,企业职员认为社会职业道德不高的主要原因排前三位的是“受不良社会风气影响”“其他”“企业不重视职业道德活动,职工本身素质差”。而“法律法规不健全,约束力不够”选项排第四位。从回答结果来看,职业道德水平的高低主要受社会大环境影响,因为职业道德本身就是社会道德体系的组成部分,它和公民道德、家庭道德组成社会道德体系,是社会核心价值观的重要组成部分,因而三者之间的关系是相辅相成的。但排第二位的是“其他”选项,这一结果令调查者不解,因为提供的五个具体选项已足够多。这说明,一方面问卷调查答案选项本身设计不足,另一方面可能影响社会职业道德的因素确实太多,被调查者可能认为综合因素比较大,所以才出现这样的调查结果,我们只能期待以后的深入调查。但无论如何可以确定的是,职业道德是社会道德的有机组成部分,社会风气的好坏对职业道德的建设非常重要,两者从某种意义上来讲互为条件或因果。

3.职业道德主要靠内心信念和规章制度起作用。调查数据显示,企业职员认为职业道德主要靠内心信念和规章制度起作用,两者占比分别为59.8%和31.2%。职业道德既有社会道德的一般属性,又有其自身特殊属性。职业道德作为社会道德的组成部分,其一般属性表现为协调、认识、教育、实践属性;其特殊属性表现为多样性(复杂性),因为不同职业具有不同的特殊要求,换句话说,有多少种职业就有多少种职业道德要求(标准)。但无论社会道德还是职业道德都属于道德范畴,要想发挥道德的调节功能,必须协调个人与集体和社会的各种关系。同时，职业道德作为一种意识形态发挥调节作用，还必须通过个人对职业道德的认知和教育激励作用，固化为个人的内心信念，在适当的时间、场合转化为行动，在实践中“应用”才能发挥作用，这就是道德的自律性。社会道德的约束除靠人的自律外，还必须依靠法律规章制度和社会舆论等外力的约束或强化，才能起到维护社会道德的作用，或更加强化个人道德自律的养成。所以，无论是社会道德的培养还是高校和企业等团体进行的职业道德教育活动，都必须遵循职业道德教育的一般属性和特殊属性，既注重个人道德内心信念的培养和激励，又要有各种法规、制度、规范，对道德起硬约束和保障作用，“软硬兼施”才是“王道”。

(二)职业道德对人的职业生涯非常重要，是事业发展的根本和核心竞争力

1.调查数据显示，企业职员对职业道德的认同度非常高。调查数据显示，40.5%的人认为职业道德对自己就业和职业生涯作用“非常大”，42.3%的人认为“比较大”，50.8%的人认为职业道德是“事业成功的最根本，也是事业发展的核心竞争力”。大量调查数据表明，职员(已毕业大学生)从自身工作体验说明，职业道德对大学生就业和职业发展非常重要，作为曾经的大学生和现在的职业人，他们对职业道德的重要性最有发言权。无论是企业管理者还是普通职员，他们对职业道德都给予高度认同，但反观现在刚入职大学生职业道德状况，显然与职业道德的重要性(作用)是不相称的。所以，作为未来的职业人——在校大学生，应该更加重视职业道德的自我修炼；而作为培养人才的高校，应该更加重视大学生职业道德的教育培养。

2.调查数据显示，企业职员认为当前大学生职业道德最突出的缺点是：缺乏吃苦耐劳的工作作风，缺乏认真踏实的工作态度。调查数据显示，分别有80.4%和76.5%的人认为现在大学生最缺乏吃苦耐劳的工作作风和认真踏实的工作态度；54.7%的人认为，职业道德的核心素质应该是职业态度，其次是职业良心和职业理想。两组数据表明，职业道德不是“虚无缥缈”的，也不是高不可攀的“宏大理想”，它是很实在、具体的，具体到你做事的态度和认真踏实的工作作风上，是工作实践中看得到的“态度”和“认真”。这些数据提醒我们高校和在校大学生：在大学生职业道德教育培养和修炼中，应该从“小”的日常学习、生活习惯抓起和做起，“勿以善小而不为”，“大理想必须从小处着手”，应该是高校进行职业道德教育和学生自我修炼必须遵循的原则。

(三)大学和职场都应进行职业道德教育，但大学应该更加重视

1.企业职员认为职业道德教育虽不是高职院校的“专利”，但高职院校比本

科院校应更加重视职业道德教育。调查数据显示,71.2%的企业职员认为无论高职院校还是普通本科院校“都应该重视”职业道德教育,但还是有23.8%的人赞同“高职院校更应该重视职业道德教育”。刚毕业大学生作为“准职业人”应该带有职业人应有的职业道德素养,只有具备这些良好职业道德素质的人才能更多地得到企业的青睐。由于高职院校和本科院校办学定位有所差异,高职院校更多是为社会培养一线的管理、服务人才,所以高职毕业学生应具备更高的职业道德素养,但这并不是说本科毕业学生对职业道德没有要求,无论本科院校还是高职院校,都是为社会培养人才,无论什么样的“人才”,都必须具备良好的职业道德才能胜任工作要求。所以,无论高职院校还是普通本科院校都应该重视职业道德教育。

2. 在进行大学生职业道德时机选择上,八成多的企业职员赞同“在大学里进行职业道德教育”。不仅本科院校和高职院校都应该重视大学生职业道德教育,无论高校还是企业也都应该重视职业道德教育。57.4%的人赞同“大学和职场都应进行职业道德教育”,26.2%的人赞同“必须在大学里进行,为入职提前做好准备”,但还有11.4%的人赞同“入职后在工作岗位上受教育,自然就会养成”。数据显示,共有83.6%的人赞同大学里进行职业道德教育。职员(已毕业大学生)作为职场上的主力军,他们的亲身感受最为真实,八成多的人认同大学进行职业道德教育的重要性。所以,高校作为培养人才的高地,必须更加重视大学生职业道德教育和培养。

3. 在学校里,课堂教学和实践锻炼的共同作用,是职员(已毕业大学生)获得职业道德的重要来源。调查数据显示,被调查的企业职员在大学里获得职业道德主要来源于学校校内实训、顶岗实习环节,学校的日常管理养成的职业道德意识、习惯和学校职业道德课程等方面,三项分别占比72.5%、70.2%和65.1%。但在另一组就职员当前职业道德获得来源调查中,分别有26.2%和18.8%的人选择了来自“工作经验”和“单位职业道德教育”,来源于“学校职业道德教育课程”的仅占9.0%。这两组关于职业道德课程作用在“学校中”和在“工作中”不同选择中9.0%和65.1%的巨大差异,留待以后进行更深入的调查和分析。调查数据表明,职业道德教育既是理论上的认同,更是实践上的身体力行,两者缺一不可。所以,高校应该多研究道德教育规律,从理论到实践,从课堂到课下,围绕职业道德所要求的核心内容,结合高校学生学习、生活实践,积极探索多种教育方式,多管齐下,才能让职业道德教育内化于心,外化于行,取得大学生职业道德教育实效。

(四)近九成企业职员认为企业应该重视职业道德教育

1. 近九成企业职员认为职业道德教育对自己职业发展“有必要,对自己帮助很大”。调查数据显示，88.9％的人认为很有必要在工作中进行职业道德教育，但仍有一成多的人认为“没必要，浪费时间”或“没必要，职场环境、岗位职责要求就是最好的教育方式”。

2.被调查的企业职员认为自己单位职业道德教育状况良好。近八成被调查的企业职员认为，自己企业非常重视或比较重视职业道德教育活动，认为非常重视职业道德教育的占38.6％，认为比较重视的占40.7％，两者合计79.3％。但还有18.0％和2.7％的人认为“一般”和“不重视”。

3.被调查的企业职员支持多种途径（方式）进行职业道德教育。调查数据显示，企业进行职业道德教育可以采用多种方式，通过多种途径进行。其中认同度比较高的途径（方式）有：“日常工作融入职业道德教育内容”，占比61.9％；“职场环境、岗位职责要求就是最好的教育方式”，占比53.7％；“专题教育、日常工作和规章制度约束等手段相结合”，占比42.6％；“用制度、规则和考核等手段直接约束”，占比40.7％。

调查数据说明，企业职员对职业道德的重要性认识还是非常到位的，两个被调查单位的职业道德教育还是比较好的。但还是有一成多的职员对职业道德教育重要性缺乏足够的认识，企业进行职业道德教育还有很大提升空间。第一组数据是“因”，必然结出第二组数据的“果”，因为企业重视职业道德教育不够，所以职员对职业道德教育重要性缺乏足够的认识。因此，企业应该更加重视职业道德教育活动，采取多种措施和多种途径，以提高企业职员的职业道德素质，增强企业核心竞争力，在当前复杂多变的经济形势下，突围成功，立于不败之地。

高职院校大学生职业道德教育区域差异性调研报告

一、调查目的

高职院校大学生职业道德教育是否与经济发展状况和学校办学整体水平有直接的因果关系？我们在全国大学生职业道德教育问卷基础上，从区域差异性角度进行了比较分析，希望能够得到一些有价值的结论，以有助于高职院校大学生职业道德教育的开展和人才培养。

二、调查问卷内容

高职院校大学生职业道德状况调查（在校大学生卷）问卷是借鉴部分资料并结合工作实际编写的，分五部分，共计 25 题，其中选择题 24 个，开放题 1 个。第一部分是大学生对职业道德的认知及基本价值判断，第二部分是大学生对职业道德内容的认知，第三部分是大学生对职业道德教育的态度，第四部分是大学生对学校开展职业道德教育的态度及评价，第五部分是一道开放题——对学校开展职业道德教育的建议。

三、调查的基本情况

本次调查问卷于 2018 年 11 月在全国范围集中展开，问卷采取网上调查的形式进行，此次调查总人数为 17538 人，但进行分区域数据统计时，我们只统计了写有学校名称的学生问卷，共计 13768 人。调查对象为全国 10 个省区的 13 所高职院校。本次调研所选取的学校，从办学级别看，全国示范性（骨干）建设学校占比43%，省级示范性建设学校占比36%，一般学校占比21%；从学校类别来看，既有综合类高职院校，也有机电、铁路、信息、金融、商业、中医药等专科门类学校。所以，本次调查取样的高职学校具有广泛的代表性。从学生年级来看，大一学生占51%，大二学生占31%，大三学生占18%；从性别来看，男生占58%，女生占42%；从专业看，文科学生占52%，理工科学生占48%。选取学生情况能很大程度代表全国高职院校大学生的普遍想法，具有广泛的代表性。

按照《中共中央关于制定国民经济和社会发展第七个五年计划的建议》，我国划分为东、中、西部三大经济区，三个区域经济发达情况从东到西依次减弱。本次调查所选学校，东部经济带学校占39%，中部经济带学校占46%，西部经济带学校占15%。

本次调查因取样数量或学生对象可能存在一定局限，所以，在进行以学校为单位进行的数据统计分析对比时，我们不便公开学校具体名称，或者一些地方学院名称因具有唯一性，所以我们用它所在的省份来表示，如某某省某职业学院；被调查对象山东省有三所，我们分别以山东某职业学院1至3表示，请予以理解。被调查学校基本情况见下表1。

表1　　被调查学校基本情况

学校名称	是否国家示范院校	是否“双高校”（2019年）	被调查学生数（人）	所在区域
江苏某职业学院	是	是	3770	东部
浙江某职业学院	是	是	841	东部
山东某职业学院1	是	是	459	东部
山东某职业学院2	是	否	403	东部
山东某职业学院3	否	否	191	东部
河南某职业学院	是	否	3487	中部
吉林某职业学院	否	否	263	中部
安徽某职业学院	否	否	805	中部
山西某职业学院	否	否	1070	中部
湖北某职业学院	否	否	1897	中部
湖南某职业学院	否	否	1921	中部
贵州某职业学院	否	否	1929	西部
新疆某职业学院	否	否	502	西部
合计			17538	

四、调查内容及结果

本次调查报告所选取角度是，针对全国不同区域内高职院校大学生对职业道德教育的认识是否存在差异，或者换言之，职业道德教育是否因所处经济区域不同或学校整体办学水平不同而产生差异。通过调查数据分析，我们不难发现，受区域经济差异的影响，各区域大学生对职业道德教育的认识虽有一定差别，但这种差别与区域没有直接因果关系。

特别强调：本次调查所有数据都是原始数据，真实有效。

1. 对社会职业道德评价与区域没有直接因果关系，但学校之间表现出非常大的差异性。你认为当前社会劳动者的职业道德状况如何？回答为“很好”的，13所高职院校中排名前5位的，东部2所，中部2所，西部1所。对社会职业道德评价较高的三个区域都有，而不是集中于经济相对比较发达的东部区域。数据显示，社会职业道德状况与当地经济发展状况没有绝对因果关系；相反，经济发展相对落后的西部区域的新疆某职业学院大学生对社会职业道德状况评价却非常高，排名第二。不同学校学生对社会职业道德评价表现出非常大的差异，如排在前五位的东部两所高职院校，两者都是示范性高职院校，对此问题的回答差异却非常大，浙江某高职院校认为当前社会职业道德“很好”的占76%，位居第一，比位居第五同属于东部的山东某职业学院2高出40个百分点，比位于西部排名第二的新疆某职业学院高出25个百分点。具体数据见表2（以下如无说明均为按第一选项选择人数的比例由高到低排序）。

表2　　你认为当前社会劳动者的职业道德状况（人数及百分比）

	A. 很好	B. 比较好	C. 一般	D. 很差
浙江某职业学院	642(76%)	147(17%)	47(6%)	5(1%)
新疆某职业学院	255(51%)	152(30%)	88(18%)	7(1%)
吉林某职业学院	127(48%)	87(33%)	46(17%)	3(2%)
河南某职业学院	1446(41%)	1363(39%)	642(18%)	36(2%)
山东某职业学院2	145(36%)	164(41%)	90(22%)	4(1%)
山东某职业学院3	61(32%)	75(39%)	53(28%)	2(1%)
山东某职业学院1	138(30%)	169(37%)	147(32%)	5(1%)
江苏某职业学院	1080(29%)	1667(44%)	950(25%)	73(2%)
山西某职业学院	271(25%)	409(38%)	373(35%)	17(2%)

续表

	A. 很好	B. 比较好	C. 一般	D. 很差
安徽某职业学院	193(24%)	376(47%)	224(28%)	12(1%)
湖北某职业学院	437(23%)	781(41%)	647(34%)	32(2%)
贵州某职业学院	408(21%)	686(36%)	794(41%)	41(%2)
湖南某职业学院	413(21%)	844(44%)	640(33%)	24(2%)

2. 对于职业道德核心要素——诚信和勤劳的价值认同，与区域没有直接因果关系，但学校之间差异非常显著，与对社会职业道德评价结果相吻合。这个社会只有恪守诚信和勤劳才能成功吗？给予肯定答案排名前5位的，东部2所，中部2所，西部1所；排序后3位的，东部1所，中部2所。这与上面对社会职业道德评价结果，无论区域学校数量还是学校排序，几乎完全一致。是否可以得出这样的结论：对社会职业道德评价越高，其对诚信和勤劳价值认同度就越高？山东作为儒家文化发源地，三所高职院校对诚信和勤劳价值认同没有显示出显著性优势，山东某职业学院3对此认同度很低，占比37%。同样，作为民风淳朴的中部区域山西某高职学院对此问题认同度最低，占比27%。两者与排名第一的浙江某高职院校占比81%分别相差44和54个百分点，这种巨大差异值得我们深思和研究。具体数据见表3。

表3　　是否只有恪守诚信和勤劳才能成功(人数及百分比)

	A. 是的，我相信	B. 不一定，有的时候看机遇和头脑	C. 可以灵活变通，固守诚信反而迂腐；现在要靠脑子和技术，跟勤劳无关	所在区域
浙江某职业学院	684(81%)	138(16%)	19(3%)	东部
新疆某职业学院	283(56%)	194(39%)	25(5%)	西部
吉林某职业学院	135(51%)	120(46%)	8(3%)	中部
河南某职业学院	1669(48%)	1717(49%)	101(3%)	中部
山东某职业学院2	189(47%)	203(50%)	11(3%)	东部
江苏某职业学院	1677(45%)	1898(50%)	195(5%)	东部
山东某职业学院1	199(43%)	240(52%)	20(5%)	东部
安徽某职业学院	310(39%)	456(57%)	39(4%)	中部
贵州某职业学院	727(38%)	1101(57%)	101(5%)	西部

续表

	A. 是的，我相信	B. 不一定，有的时候看机遇和头脑	C. 可以灵活变通，固守诚信反而迂腐；现在要靠脑子和技术，跟勤劳无关	所在区域
湖北某职业学院	723(38%)	1112(59%)	62(3%)	中部
山东某职业学院 3	71(37%)	110(58%)	10(5%)	东部
湖南某职业学院	640(33%)	1213(63%)	68(4%)	中部
山西某职业学院	286(27%)	723(68%)	61(5%)	中部

3. 对职业道德与职业技能哪个对自己职业发展更重要问题，认同“职业道德”更重要的，没有显著的区域和学校差别。你认为在职业发展的道路上哪个对你更重要？按第一选项“职业道德”更重要排序，排名前 5 位的，东部 2 所，中部 2 所，西部 1 所，与上面两个问题回答结果排序几乎没有差别，只是第 4 和第 5 位上河南某职业学院和山东某职业学校 2 的位次互换了一下，但两者百分比非常接近，没有显著差别。具体数据见表 4。

表 4　在职业发展的道路上哪个更重要(人数及百分比)
(按第一选项选择人数的比例由高到低排序)

高校名称/回答人数及百分比(%)	A. 职业道德	B. 职业技能	C. 两者缺一不可	所在区域
浙江某职业学院	398(47%)	49(6%)	394(47%)	东部
吉林某职业学院	81(31%)	17(6%)	165(63%)	中部
新疆某职业学院	144(29%)	58(11%)	300(60%)	西部
山东某职业学院 2	105(26%)	27(7%)	271(67%)	东部
河南某职业学院	808(23%)	140(4%)	2539(73%)	中部
山东某职业学院 1	92(20%)	25(5%)	342(75%)	东部
山东某职业学院 3	35(18%)	10(5%)	149(77%)	东部
江苏某职业学院	595(16%)	177(5%)	2998(79%)	东部
安徽某职业学院	117(15%)	31(4%)	654(81%)	中部
湖南某职业学院	273(14%)	48(2%)	1600(83%)	中部
贵州某职业学院	256(13%)	59(3%)	1614(84%)	西部
山西某职业学院	128(12%)	43(4%)	899(84%)	中部
湖北某职业学院	209(11%)	45(2%)	1643(87%)	中部

值得注意的是，按第三选项“两者缺一不可”排序与按照第一选项的排序，学校位次出现很大变化。具体数据见表5。

表5　在职业发展的道路上哪个更重要（人数及百分比）
（按第三选项选择人数的比例由高到低排序）

	C.两者缺一不可	B.职业技能	A.职业道德	所在区域
湖北某职业学院	1643(87%)	45(2%)	209(11%)	中部
贵州某职业学院	1614(84%)	59(3%)	256(13%)	西部
山西某职业学院	899(84%)	43(4%)	128(12%)	中部
湖南某职业学院	1600(83%)	48(2%)	273(14%)	中部
安徽某职业学院	657(81%)	31(4%)	117(15%)	中部
江苏某职业学院	2998(79%)	177(5%)	595(16%)	东部
山东某职业学院3	146(77%)	10(5%)	35(18%)	东部
山东某职业学院1	342(75%)	25(5%)	92(20%)	东部
河南某职业学院	2539(73%)	140(4%)	808(23%)	中部
山东某职业学院2	271(67%)	27(7%)	105(26%)	东部
吉林某职业学院	165(63%)	17(6%)	81(31%)	中部
新疆某职业学院	300(60%)	58(11%)	144(29%)	西部
浙江某职业学院	394(47%)	49(6%)	398(47%)	东部

4.高职大学生对以后所从事职业的职业道德要求是否明白也没有显示出明显的区域差异，但在学校排名方面有微小变化。你明白自己以后要从事职业的职业道德要求吗？按第一选项排序，排名前5位的，东部1所，中部3所，西部1所，中部区域湖北某职业学院首次位居前5位中的第2名次，其他学校与前面几个问题基本一致。数据显示，大学生对于将来就业非常重要的职业道德要求是否明白，与学校和所在区域也没有直接因果关系。具体数据见表6。

表6　是否明白以后所从事职业的职业道德要求（人数及百分比）

	A.明白	B.略知一二	C.很模糊	D.不知道	所在区域
浙江某职业学院	694(83%)	112(13%)	29(3%)	6(1%)	东部
湖北某职业学院	1272(67%)	560(29%)	56(3%)	9(1%)	中部
新疆某职业学院	328(65%)	136(27%)	23(5%)	15(3%)	西部

续表

	A.明白	B.略知一二	C.很模糊	D.不知道	所在区域
吉林某职业学院	156(59%)	94(36%)	10(4%)	3(1%)	中部
河南某职业学院	2018(58%)	1287(37%)	157(4%)	25(1%)	中部
山东某职业学院 1	246(54%)	180(39%)	26(5%)	7(2%)	东部
山东某职业学院 2	210(52%)	162(40%)	27(7%)	4(1%)	东部
安徽某职业学院	407(50%)	343(43%)	52(6%)	3(1%)	中部
江苏某职业学院	1771(47%)	1636(43%)	335(9%)	28(1%)	东部
山西某职业学院	493(46%)	473(44%)	96(9%)	8(1%)	中部
贵州某职业学院	866(45%)	828(43%)	212(11%)	23(1%)	中部
湖南某职业学院	804(42%)	927(48%)	180(9%)	10(1%)	西部
山东某职业学院 3	76(40%)	96(50%)	15(8%)	4(2%)	东部

5.高职大学生对职业道德重要性认知，无论区域还是学校都出现一定的变化。大学生对职业道德重要性认知，选择赞同答案占比在90%以上的学校，在13所中有10所，占77%，对这一问题的回答出现了各学校认知百分比非常接近的现象。湖北某职业学院位于第1；一直稳居第1的浙江某职业学院排名为并列第3，与排名第1的湖北某职业学院相差4个百分点；山东两所学校位居最后两位，并列第5位，与第1名相差7个百分点。具体数据见表7。

表7　　职业道德对未来的职业成功是否至关重要(人数及百分比)

	A.是的，对我的成长、成功很重要	B.对我有作用，但用处不大	C.跟我的成功几乎无关	所在区域
湖北某职业学院	1796(95%)	91(4%)	10(1%)	中部
河南某职业学院	3229(93%)	243(6%)	15(1%)	中部
安徽某职业学院	729(91%)	75(9%)	1(0%)	中部
江苏某职业学院	3415(91%)	325(8%)	30(1%)	东部
贵州某职业学院	1765(91%)	156(8%)	8(1%)	西部
湖南某职业学院	1736(91%)	183(9%)	2(0%)	中部
山西某职业学院	972(91%)	94(8%)	4(1%)	中部
山东某职业学院 1	416(91%)	39(8%)	4(1%)	东部

续表

	A. 是的，对我的成长、成功很重要	B. 对我有作用，但用处不大	C. 跟我的成功几乎无关	所在区域
浙江某职业学院	771(91%)	56(7%)	14(2%)	东部
新疆某职业学院	447(90%)	45(8%)	10(2%)	西部
吉林某职业学院	231(88%)	31(11%)	1(1%)	中部
山东某职业学院 2	356(88%)	43(11%)	4(1%)	东部
山东某职业学院 3	168(88%)	21(11%)	2(1%)	东部

6. 对于职业道德重要内容的认知，按不同内容排序，有较明显的区域和学校差异。按第一选项“爱岗敬业，忠于职守”排序，与前面几个问题结果没有显著差异，前 5 名排序仍然是东部 2 所，中部 2 所，西部 1 所，只是前面几个问题中排名一般是第的山东某职业学院 2 与一般排名前 3 位的新疆某职业学院互换位次。具体数据见表 8。

表 8　　大学生职业道德最重要的内容（人数及百分比）
（按第一选项选择人数的比例由高到低排序）

	A. 爱岗敬业，忠于职守	B. 遵纪守法，诚实守信	C. 和睦互助，团结协作	D. 勤奋努力，吃苦耐劳	所在区域
浙江某职业学院	547(65%)	176(21%)	65(8%)	53(6%)	东部
山东某职业学院 2	190(47%)	114(28%)	48(12%)	51(13%)	东部
吉林某职业学院	115(44%)	79(30%)	34(13%)	35(13%)	中部
河南某职业学院	1511(43%)	1045(30%)	457(13%)	474(14%)	中部
新疆某职业学院	192(38%)	172(34%)	53(11%)	85(17%)	西部
湖北某职业学院	688(36%)	622(33%)	207(11%)	380(20%)	中部
山东某职业学院 1	151(33%)	144(31%)	53(12%)	111(24%)	东部
江苏某职业学院	1190(32%)	1371(36%)	569(15%)	640(17%)	东部
安徽某职业学院	236(29%)	316(39%)	123(15%)	130(17%)	中部
湖南某职业学院	522(27%)	767(40%)	303(16%)	329(17%)	中部
山西某职业学院	279(26%)	424(40%)	182(17%)	185(17%)	中部
贵州某职业学院	471(24%)	824(43%)	285(15%)	349(18%)	西部
山东某职业学院 3	42(22%)	70(36%)	28(15%)	51(27%)	东部

如果按第二选项“遵纪守法，诚实守信”排序，与前面结果出现了比较大的区域和学校差异，排名前 5 位的学校，东部 1 所，中部 3 所，西部 1 所，并且前 5 位的学校与按照第一选项排序的学校没有任何重合。具体数据见表 9。

表 9　大学生职业道德最重要的内容（人数及百分比）

（按第二选项选择人数的比例由高到低排序）

	B. 遵纪守法，诚实守信	A. 爱岗敬业，忠于职守	C. 和睦互助，团结协作	D. 勤奋努力，吃苦耐劳	所在区域
贵州某职业学院	824(43%)	471(24%)	285(15%)	349(18%)	西部
湖南某职业学院	767(40%)	522(27%)	303(16%)	329(17%)	中部
山西某职业学院	424(40%)	279(26%)	182(17%)	185(17%)	中部
安徽某职业学院	316(39%)	236(29%)	123(15%)	130(17%)	中部
山东某职业学院 3	70(36%)	42(22%)	28(15%)	51(27%)	东部
江苏某职业学院	1371(36%)	1190(32%)	569(15%)	640(17%)	东部
新疆某职业学院	172(34%)	192(38%)	53(11%)	85(17%)	西部
湖北某职业学院	622(33%)	688(36%)	207(11%)	380(20%)	中部
山东某职业学院 1	144(31%)	151(33%)	53(12%)	111(24%)	东部
吉林某职业学院	79(30%)	115(44%)	34(13%)	35(13%)	中部
河南某职业学院	1045(30%)	1511(43%)	457(13%)	474(14%)	中部
山东某职业学院 2	114(28%)	190(47%)	48(12%)	51(13%)	东部
浙江某职业学院	176(21%)	547(65%)	65(8%)	53(6%)	东部

如果按第四选项“勤奋努力，吃苦耐劳”进行排序，则排名前 5 位的学校，东部 2 所，中部 1 所，西部 2 所，但排名第 1、第 2 的东部学校是山东某职业学院 3 和山东某职业学院 1；中部学校总数减少 1 所，并且学校也有了改变；西部增加 1 所，变为 2 所。具体数据见表 10。

表 10　大学生职业道德最重要的内容（人数及百分比）

（按第四选项选择人数的比例由高到低排序）

	D. 勤奋努力，吃苦耐劳	A. 爱岗敬业，忠于职守	B. 遵纪守法，诚实守信	C. 和睦互助，团结协作	所在区域
山东某职业学院 3	51(27%)	42(22%)	70(36%)	28(15%)	东部
山东某职业学院 1	111(24%)	151(33%)	144(31%)	53(12%)	东部
湖北某职业学院	380(20%)	688(36%)	622(33%)	207(11%)	中部

续表

	D.勤奋努力，吃苦耐劳	A.爱岗敬业，忠于职守	B.遵纪守法，诚实守信	C.和睦互助，团结协作	所在区域
贵州某职业学院	349(18%)	471(24%)	824(43%)	285(15%)	西部
新疆某职业学院	85(17%)	192(38%)	172(34%)	53(11%)	西部
江苏某职业学院	640(17%)	1190(32%)	1371(36%)	569(15%)	东部
安徽某职业学院	130(17%)	236(29%)	316(39%)	123(15%)	中部
湖南某职业学院	329(17%)	522(27%)	767(40%)	303(16%)	中部
山西某职业学院	185(17%)	279(26%)	424(40%)	182(17%)	中部
河南某职业学院	474(14%)	1511(43%)	1045(30%)	457(13%)	中部
山东某职业学院 2	51(13%)	190(47%)	114(28%)	48(12%)	东部
吉林某职业学院	35(13%)	115(44%)	79(30%)	34(13%)	中部
浙江某职业学院	53(6%)	547(65%)	176(21%)	65(8%)	东部

7.高职大学生自我奋斗精神评价也没有明显的区域和学校差异。对于“你是否有强烈奋斗精神，愿意经受职业风雨的磨砺而不逃避、退缩”问题，通过数据统计分析，按第一选项排序没有明显的区域和学校差异，排名前 4 位的学校与前面几题排序没有变化，只是前面排名第 5 位的东部的山东某职业学院 1，这次排名成为第 6，但与第 5 只相差 2 个百分点。具体见表 11。

表 11　是否有强烈奋斗精神、愿意经受职业风雨的磨砺(人数及百分比)

	A.是的，我精神坚定	B.我有这种精神，但不坚定	C.以后的工作看情况再说	D.我更愿过安稳、平淡日子	所在区域
浙江某职业学院	704(84%)	114(13%)	19(2%)	4(1%)	东部
河南某职业学院	2692(77%)	738(21%)	51(2%)	6(0%)	中部
吉林某职业学院	200(76%)	55(21%)	7(2%)	1(1%)	中部
新疆某职业学院	370(74%)	109(22%)	19(3%)	4(1%)	西部
安徽某职业学院	585(73%)	197(24%)	21(3%)	2(0%)	东部
山东某职业学院 1	326(71%)	120(26%)	13(3%)	0(0%)	东部
山东某职业学院 2	284(70%)	109(27%)	10(3%)	0(0%)	东部
贵州某职业学院	1317(68%)	550(28%)	53(3%)	9(1%)	西部
湖北某职业学院	1294(68%)	577(30%)	17(1%)	9(1%)	中部

续表

	A. 是的，我精神坚定	B. 我有这种精神，但不坚定	C. 以后的工作看情况再说	D. 我更愿过安稳、平淡日子	所在区域
山西某职业学院	718(67%)	326(31%)	23(2%)	3(0%)	中部
山东某职业学院 3	124(65%)	59(31%)	8(4%)	0(0%)	东部
江苏某职业学院	2338(62%)	1301(34%)	113(3%)	18(1%)	东部
湖南某职业学院	1124(59%)	749(39%)	45(2%)	3(0%)	中部

8. 高职大学生在是否有明确的职业目标和理想方面，也没有表现出明显的区域差异，但学校之间认同程度差异比较大。在是否有明确的职业目标和理想方面，按第一选项排序，排名前 5 位的依然是东部 2 所，中部 2 所，西部 1 所，前 5 位的学校也没有发生变化，但位列第 1 的浙江某职业学院比位列第 5 的山东某职业学院 2 高出 25 个百分点。具体数据见表 12。

表 12　　是否有明确的职业目标和理想(人数及百分比)

	A. 是的，我理想远大、明确	B. 我不追求很高的事业成就，只求通过工作实现家庭富足	C. 理想太虚，生活是残酷的	D. 没考虑过	所在区域
浙江某职业学院	693(82%)	134(16%)	10(1.5%)	4(0.5%)	东部
吉林某职业学院	171(65%)	85(32%)	3(1%)	4(2%)	中部
新疆某职业学院	311(62%)	168(33%)	19(4%)	4(1%)	西部
河南某职业学院	2138(61%)	1292(37%)	37(1.5%)	20(0.5%)	中部
山东某职业学院 2	239(59%)	151(37%)	9(3%)	4(1%)	东部
山东某职业学院 1	260(57%)	194(41%)	4(2%)	1(1%)	东部
山东某职业学院 3	101(53%)	87(45%)	3(2%)	0(0%)	东部
安徽某职业学院	418(52%)	369(45%)	7(1%)	11(2%)	东部
江苏某职业学院	1957(52%)	1700(45%)	60(2%)	53(1%)	东部
湖北某职业学院	947(50%)	906(47%)	31(2%)	13(1%)	中部
山西某职业学院	482(45%)	548(52%)	22(2%)	18(1%)	中部
贵州某职业学院	839(43%)	1017(53%)	49(3%)	24(1%)	西部
湖南某职业学院	820(43%)	1035(54%)	28(1%)	38(2%)	中部

9.高职院校开展大学生职业道德教育情况有比较明显的区域性差异，东部学校普遍好于中部和西部学校，并且学校整体办学水平也具有明显优势。大学生接受职业道德教育情况反映出学校开展大学生职业道德教育情况，在这一问题上，东部表现比较好，排名前5位中有3所东部高职院校，并且都是示范高职院校，其中2所还是“双高”学校；中部有2所，其中示范性高职院校1所；西部0所。前5名中，示范院校3所（含“双高”学校2所），浙江某职业学院又拔得头筹，比第5名学校高19个百分点。具体数据见表13。

表13　　到目前为止是否接受过职业道德教育（人数及百分比）

	A.进入大学后接受过	B.进入大学后尚未接受	C.在父母和以往学校教育中接受过	所在区域
浙江某职业学院	723(86%)	45(5%)	73(9%)	东部
山东某职业学院2	298(74%)	44(11%)	61(15%)	东部
吉林某职业学院	186(71%)	18(7%)	59(22%)	中部
江苏某职业学院	2565(68%)	441(12%)	764(20%)	东部
河南某职业学院	2347(67%)	321(9%)	819(24%)	中部
新疆某职业学院	324(65%)	46(9%)	132(26%)	西部
湖北某职业学院	1192(63%)	132(7%)	573(30%)	中部
安徽某职业学院	481(60%)	71(9%)	253(31%)	中部
山东某职业学院1	266(58%)	90(20%)	103(22%)	东部
湖南某职业学院	1104(57%)	231(12%)	586(31%)	中部
山西某职业学院	610(57%)	92(9%)	368(34%)	中部
贵州某职业学院	1030(53%)	156(8%)	743(39%)	西部
山东某职业学院3	83(44%)	56(29%)	52(27%)	东部

10.对于学习职业道德的目的，没有表现出明显的区域差异，但学校排名出现了比较大的变化。对于学习职业道德目的（多选）选择，按第一选项排序，前5位中区域排名没有变化，东部2所，中部2所，西部1所，但学校发生了比较大的变化。不同区域、不同办学水平学校的几乎90%以上的学生，选择学习职业道德是为了“自我提升需要”，但多次居于排名第1位的浙江某职业学院，这次排名进入后3名，但因为与第1名的湖北某职业学院只相差5个百分点，所以不足以因学校排名的变化得出出现了学校差异变化的结论。具体数据见表14。

表 14　　学习职业道德的目的(人数及百分比)

	A. 自我提升需要	B. 为将来就业增加砝码	C. 为了学分，顺利毕业	D. 没考虑过	所在区域
湖北某职业学院	1826(96%)	1317(69%)	396(21%)	26(2%)	中部
贵州某职业学院	1825(95%)	1367(71%)	422(22%)	23(1%)	西部
山东某职业学院 1	436(95%)	325(71%)	104(23%)	12(3%)	东部
河南某职业学院	3301(95%)	2460(71%)	905(26%)	35(1%)	中部
江苏某职业学院	3551(94%)	3080(82%)	1498(40%)	73(2%)	东部
湖南某职业学院	1812(94%)	1411(73%)	500(26%)	16(1%)	中部
山东某职业学院 3	179(94%)	134(70%)	51(28%)	3(2%)	东部
安徽某职业学院	752(93%)	577(72%)	162(20%)	6(1%)	中部
吉林某职业学院	245(93%)	157(60%)	53(20%)	1(1%)	中部
山西某职业学院	986(92%)	735(69%)	240(22%)	11(1%)	中部
山东某职业学院 2	369(92%)	275(68%)	88(22%)	10(2%)	东部
浙江某职业学院	769(91%)	443(53%)	151(18%)	18(2%)	东部
新疆某职业学院	431(86%)	285(57%)	124(25%)	13(3%)	西部

11. 高职院校对大学生职业道德教育重视程度，出现了局部区域特征。对于学校对大学生职业道德教育是否重视这一问题，按第一选项排序，排名前 5 位中的前 4 位无论区域还是学校基本没有变化，但经常处于第 5 位的山东某职业学院 2 这次没有出现在前 5 名的名单内，并且排名最后 3 位的集中于东部同一省内的 3 所学校。具体数据见表 15。

表 15　　学校是否重视大学生职业道德教育(人数及百分比)

	A. 重视	B. 有教育，但重视度一般	C. 不重视	所在区域
浙江某职业学院	766(91%)	67(8%)	8(1%)	东部
吉林某职业学院	207(79%)	53(20%)	3(1%)	中部
新疆某职业学院	370(74%)	122(24%)	10(2%)	西部
河南某职业学院	2567(74%)	863(24%)	57(2%)	中部
湖北某职业学院	1285(68%)	581(30%)	31(2%)	中部
山西某职业学院	719(67%)	329(31%)	22(2%)	中部

续表

	A.重视	B.有教育,但重视度一般	C.不重视	所在区域
江苏某职业学院	2461(65%)	1238(33%)	71(2%)	东部
贵州某职业学院	1228(64%)	659(34%)	42(2%)	西部
湖南某职业学院	1223(64%)	668(34%)	30(2%)	中部
安徽某职业学院	502(62%)	289(36%)	14(2%)	中部
山东某职业学院 2	247(61%)	145(36%)	11(3%)	东部
山东某职业学院 1	279(61%)	160(35%)	20(4%)	东部
山东某职业学院 3	112(59%)	65(34%)	14(7%)	东部

12.高职大学生对学校开展大学生职业道德教育情况基本评价,也出现了局部区域性特征和学校排名变化。学生对学校开展大学生职业道德教育情况基本评价,按第一选项排序,排名前 5 位中,东部 2 所,中部 3 所,西部 0 所,与前面几题相比,中部增加 1 所,并且学校也出现了较明显的变化,浙江某职业学院还是排名第 1,江苏某职业学院、湖北某职业学院、山西某职业学院进入前 5 名;与前面学生对学校是否重视大学生职业道德教育认知一样,在对学校开展大学生职业道德教育效果评价方面,排名后 3 位的是东部一个省的 3 所高职院校,而且其中两所是示范高职院校。学校是否重视大学生职业道德教育直接决定学生对其教育效果评价。这种结果的出现,应该与上一问题的调查结果有一定的因果关系,两个问题的结果是相互印证的关系。具体数据见表 16。

表 16　对学校开展大学生职业道德教育的总体感觉(人数及百分比)

	A.比较系统丰富	B.有一点,但很零乱	C.好像没有开展	所在区域
江苏某职业学院	432(51%)	85(10%)	324(39%)	东部
湖北某职业学院	864(46%)	838(44%)	195(10%)	中部
山西某职业学院	479(45%)	479(45%)	112(10%)	中部
江苏某职业学院	1619(43%)	1545(41%)	606(16%)	东部
河南某职业学院	1508(43%)	1212(35%)	767(22%)	中部
吉林某职业学院	111(42%)	83(32%)	69(26%)	中部
新疆某职业学院	189(38%)	167(33%)	146(29%)	西部
安徽某职业学院	303(37%)	375(47%)	127(16%)	中部
湖南某职业学院	725(37%)	953(50%)	243(13%)	中部

续表

	A. 比较系统丰富	B. 有一点，但很零乱	C. 好像没有开展	所在区域
贵州某职业学院	704(36%)	982(51%)	243(13%)	西部
山东某职业学院 3	57(30%)	74(39%)	60(31%)	东部
山东某职业学院 1	131(29%)	198(43%)	130(28%)	东部
山东某职业学院 2	115(28%)	189(47%)	99(25%)	东部

13. 高职院校开展大学生职业道德教育实际效果表现出比较明显的区域和学校差异性特征，中部的学校表现出比较明显的优势。“你在打工(或实习或社会实践活动)经历中体会到，学校职业道德教育课程与实际要求是否贴近”，按照第一选项排序，前 5 名中东部 1 所，中部 3 所，西部 1 所，中部表现出比较明显的优势；学校名次也发生了部分变化，山东某职业学院 2 没有在前 5 名名单中。具体数据见表 17。

表 17　　学校职业道德教育与实际要求是否贴近(人数及百分比)

	A. 很贴近	B. 根本不沾边	C. 很少部分有用	所在区域
浙江某职业学院	755(90%)	47(6%)	39(4%)	东部
吉林某职业学院	204(78%)	24(9%)	35(13%)	中部
河南某职业学院	2553(73%)	227(7%)	707(20%)	中部
湖北某职业学院	1308(69%)	72(4%)	517(27%)	中部
新疆某职业学院	346(69%)	61(12%)	95(19%)	西部
江苏某职业学院	2558(68%)	317(8%)	895(24%)	东部
安徽某职业学院	539(67%)	67(8%)	199(25%)	中部
山东某职业学院 2	271(67%)	44(11%)	88(22%)	东部
山东某职业学院 1	294(64%)	39(8%)	126(28%)	东部
贵州某职业学院	1202(62%)	125(7%)	602(31%)	西部
湖南某职业学院	1194(62%)	145(8%)	582(30%)	中部
山东某职业学院 3	119(62%)	16(9%)	56(29%)	东部
山西某职业学院	658(61%)	95(9%)	317(30%)	中部

14. 高职大学生在“有意识地培养自己的职业道德”方面出现了比较大的区域和学校差异性变化，中部地区学校的学生表现出更强主动性。按第一选项排

序，排名前5位的区域和学校，东部1所，浙江某职业学院仍居于第1位；中部3所，安徽某职业学院第一次出现在前5位名单中；西部1所，贵州某职业学院第一次进入前5位。排名最后3位的学校集中在东部，为江苏某职业学院和山东两所职业学院。具体数据见表18。

表18　　是否在有意识地培养自己的职业道德（人数及百分比）

	A.是	B.还没想过	C.不是	所在区域
浙江某职业学院	754(90%)	76(9%)	11(1%)	东部
河南某职业学院	3020(87%)	430(12%)	37(1%)	中部
安徽某职业学院	689(86%)	112(14%)	4(0)	中部
湖北某职业学院	1633(86%)	243(13%)	21(1%)	中部
贵州某职业学院	1633(85%)	268(14%)	28(1%)	西部
吉林某职业学院	220(84%)	40(15%)	3(1%)	中部
山西某职业学院	901(84%)	155(14%)	14(2%)	中部
新疆某职业学院	420(84%)	74(15%)	8(1%)	西部
山东某职业学院2	334(83%)	66(16%)	3(1%)	东部
湖南某职业学院	1533(80%)	361(19%)	27(1%)	中部
山东某职业学院1	369(80%)	86(19%)	4(1%)	东部
江苏某职业学院	2910(77%)	815(22%)	45(1%)	东部
山东某职业学院3	144(75%)	44(23%)	3(2%)	东部

15.高职大学生在对职业道德素质养成最有效的方式认同上，有一定的区域和学校差异。就大学生对职业道德素质养成最有效的方式，按第一选项“榜样感召学习”顺序排列，前5名中，区域和学校有一定变化，东部3所，中部2所，西部0所，山东有2所学校进入前5位，新疆某职业学院未进入前5位。具体数据见表19。

表19　　职业道德素质养成最有效的方式（人数及百分比）

（按第一选项选择人数的比例由高到低排序）

	A.榜样感召学习	B.自我感悟	C.在实践中学习	D.道德理论学习	所在区域
浙江某职业学院	479(57%)	78(9%)	250(30%)	34(4%)	东部
吉林某职业学院	112(43%)	42(16%)	87(33%)	22(8%)	中部
山东某职业学院2	158(39%)	64(16%)	166(41%)	15(4%)	东部

续表

	A. 榜样感召学习	B. 自我感悟	C. 在实践中学习	D. 道德理论学习	所在区域
山东某职业学院 1	174(38%)	70(15%)	196(43%)	19(4%)	东部
河南某职业学院	1263(36%)	487(14%)	1511(43%)	226(7%)	中部
山东某职业学院 3	61(32%)	32(17%)	93(49%)	5(2%)	东部
新疆某职业学院	153(30%)	88(18%)	199(40%)	62(12%)	西部
江苏某职业学院	975(26%)	583(15%)	1998(53%)	214(6%)	东部
安徽某职业学院	198(24%)	119(15%)	431(54%)	57(7%)	中部
湖南某职业学院	381(20%)	329(17%)	1058(55%)	153(8%)	中部
湖北某职业学院	346(18%)	273(14%)	1134(60%)	144(8%)	中部
山西某职业学院	189(18%)	159(15%)	630(59%)	92(8%)	中部
贵州某职业学院	260(13%)	316(16%)	1149(60%)	204(11%)	西部

如果按第三选项“在实践中学习”排序，则前 5 名中出现了非常大的区域和学校差异，东部 0 所，中部 4 所，西部 1 所，前 5 名学校与前面所有问题调查结果几乎没有重合，浙江某职业学院排名最后。具体数据见表 20。

表 20　　职业道德素质养成最有效的方式(人数及百分比)
(按第三选项选择人数的比例由高到低排序)

	C. 在实践中学习	A. 榜样感召学习	B. 自我感悟	D. 道德理论学习	所在区域
湖北某职业学院	1134(60%)	346(18%)	273(14%)	144(8%)	中部
贵州某职业学院	1149(60%)	260(13%)	316(16%)	204(11%)	西部
山西某职业学院	630(59%)	189(18%)	159(15%)	92(8%)	中部
湖南某职业学院	1058(55%)	381(20%)	329(17%)	153(8%)	中部
安徽某职业学院	431(54%)	198(24%)	119(15%)	57(7%)	中部
江苏某职业学院	1998(53%)	975(26%)	583(15%)	214(6%)	东部
山东某职业学院 3	93(49%)	61(32%)	32(17%)	5(2%)	东部
山东某职业学院 1	196(43%)	174(38%)	70(15%)	19(4%)	东部
河南某职业学院	1511(43%)	1263(36%)	487(14%)	226(7%)	中部
山东某职业学院 2	166(41%)	158(39%)	64(16%)	15(4%)	东部

续表

	C. 在实践中学习	A. 榜样感召学习	B. 自我感悟	D. 道德理论学习	所在区域
新疆某职业学院	199(40%)	153(30%)	88(18%)	62(12%)	西部
吉林某职业学院	87(33%)	112(43%)	42(16%)	22(8%)	中部
浙江某职业学院	250(30%)	479(57%)	78(9%)	34(4%)	东部

五、结论及建议

(一)结论

1. 高职院校开展大学生职业道德教育整体状况与学校所在区域和学校办学水平没有直接的因果关系。通过对三大区域(东部、中部、西部)内13所高职院校调查结果的统计分析,就高职院校大学生职业道德教育整体情况来说,东部地区相对经济比较发达,浙江、江苏和山东高职教育在办学水平方面也位于全国前列。本次调查所选取的5所学校(其中示范性建设学校4所),在大部分问题调查结果上都没有表现出显著的区域优势,也没有表现出非常显著的学校办学水平优势;相反,西部地区相对经济比较落后,所选取的2所学校为普通高职院校,但它们在高职大学生职业道德教育整体状况调查中没有表现出相对落后的状态,而属于东部经济发达和办学水平较高的某省高职院校大学生职业道德教育状况却令人担忧。

2. 区域和学校差异性主要表现。高职院校大学生职业道德教育尽管就整体状况而言没有非常显著的区域和学校差异,但在以下几方面表现出局部区域和学校差异性:

(1)东部地区高职院校大学生职业道德教育状况占据比较大优势。大学生接受职业道德教育情况反映出学校开展大学生职业道德教育程度,在这一问题上,东部地区高校大学生职业道德教育表现出比较大的优势。相对而言,中部稍显逊色一些,西部次之。

(2)在高职院校是否重视大学生职业道德教育方面,出现了局部区域性特征。山东属于东部经济发达和教育水平较高的地区,但其三所学校对于大学生职业道德教育重视程度的调查数据位列排名最后,这是本次调查比较意外的结果。

(3)学生对学校大学生职业道德教育基本评价也出现了局部区域性特征。

学生对学校大学生职业道德教育效果评价方面，排名后三位的是东部山东省的三所高职院校，而且其中两所是示范高职院校。学校是否重视大学生职业道德教育直接决定学生对其教育效果评价。这种结果的出现，应该与学校是否重视大学生职业道德教育有一定的因果关系。两个问题的调查结果也是相互印证的关系。

(4)高职大学生对职业道德教育重要性认知，出现了区域性特征。高职大学生对职业道德教育重要性认知，学校之间百分比数据差距不大，但经济较发达的东部山东两所学校位居后两位。学校是否重视大学生职业道德教育会直接决定学生对职业道德教育效果评价，也会直接影响其对职业道德重要性的认知，三者之间因果关系一目了然。

(5)浙江某职业学院无论是大学生职业道德教育整体情况还是学生对职业道德重要性认知，都表现出极高的优势，这是值得所有研究者和教育工作者研究的现象，也值得高职院校本身思考和总结。

(二)思考与建议

在众多调查数据指标中，我们选择区域这个视角分析高职院校大学生职业道德教育状况，是基于认为高职院校大学生职业道德教育状况与所在区域经济发展水平和学校整体办学水平应该有密切的关系，但本次调查结果没有证明两者之间的直接因果关系。大量调查数据显示，高职院校大学生职业道德教育状况与学校自身重视程度有直接因果关系。同样是位于东部地区的五所高职院校，浙江某职业学院、江苏某职业学院和山东三所职业学院，其中四所是示范高职院校，但浙江某职业学院与其他四所职业学院的大学生职业道德教育情况却有很大差别，而位于中部地区的河南某职业学院和西部的新疆某职业学院比东部的几所职业学院的大学生职业道德教育状况表现出较强的优势。

大学生职业道德教育对于高职院校人才培养来说，其重要性不言而喻，以下几个方面值得我们思考和下功夫。

1. 人才培养质量在学校办学水平评价中应占据很重要位置。学校培养人才质量好坏，除学校作为第一监管人对质量把关外，真正评价应该由第三方或使用者——企业来评价。我国无论是2006年启动的示范性建设院校还是2019年公布的“双高”建设名单，都有非常详细全面的遴选指标，但人才培养质量在整个学校办学水平评价指标体系中所占分值和权重都不能真正体现出学校办学水平，最为关键的是没有采用第三方或企业对学校人才质量评价指标。我们通过对另两个调查问卷——企业管理者、企业职员问卷调查和对企业管理者访谈得出，企业选人、用人、评价人的最重要标准都是把职业道德放在第一位，如果采用第三方或企业评价人才标准作为学校办学水平的重要评价指标或占一定权重，那么高职院校大学生职业道德教育情况可能比现在好许多，企业所遇到的“用不上，靠不住，留不下”的“人才荒”问题可能也会大大改善。

2.大学生职业道德教育应是高职院校人才培养的应有之义。职业素养、职业技能构成高职院校人才培养质量的“一体双翼”，职业道德是职业素养的灵魂，没有好的职业道德就谈不上好的职业素养，也就不能成为合格的人才。大学生职业道德教育是高职院校人才培养的应有之义，是必须完成的责任和义务。尤其是位于经济比较发达地区的高水平职业院校，无论是办学投入还是师资力量都有比较优势，更应承担起高素质高技能人才培养的重任，不能只重视专业技能培养，而忽略人才长远发展的目标。把大学生职业道德教育提高到应有位置，是当前一些省份和高职院校必须做的一项工作。

3.浙江某职业学院大学生职业道德教育应该是值得研究的范例。在撰写这篇调研报告过程中，调查负责人曾和这所学校有关负责人进行沟通、了解，也曾翻阅过该校近几年毕业生就业质量年度报告，但报告中没有企业对人才质量评价指标，这是很大的遗憾。我们以后会通过其他途径和方法进行进一步深入研讨，以提供更有价值的范例，供学习实践研究之用。

高职院校大学生职业道德教育年级差异性调研报告

一、调查目的

高职院校大学生职业道德教育是否因年级不同而有显著差异？我们在全国高职院校大学生职业道德教育问卷基础上，从不同年级角度进行了比较分析，希望能够得到一些有价值的东西，以有助于高职院校大学生职业道德教育的开展和人才培养。

二、调查问卷内容

高职院校大学生职业道德教育调查问卷是借鉴部分资料并结合工作实际编写的，分五部分，共计 25 题，其中选择题 24 个，开放题 1 个。第一部分是大学生对职业道德的认知及基本价值判断，第二部分是大学生对职业道德内容的认知，第三部分是大学生对职业道德教育的态度，第四部分是大学生对学校开展职业道德教育的态度及评价，最后的第五部分则是一道开放题——学生对学校开展职业道德教育的建议。

三、调查基本情况

本次问卷调查于 2018 年 11 月在全国范围集中展开，调查对象为全国 11 个省区的 14 所高职院校。本次调研所选取的学校，从地域分布看覆盖全国东北、华东、华北、华中、华南、西南、西北等地区的 11 个省区；从办学级别看，全国示范性（骨干）建设学校占 43%，省级示范性建设学校占 36%，一般学校占 21%；从学校类别来看，既有综合类高职院校，也有机电、铁路、信息、金融、商业、中医药等专科门类学校。所以,本次调查取样高职学校具有广泛的代表性。

参与此次问卷调查的总人数为 17538 人,但进行分年级数据统计时,我们只统计了写有学校名称的学生问卷(中山职业技术学院未统计),共计 13768 人。从年级来看,大一年级学生 6745 人,占 49%;大二年级学生 4194 人,占 30%;大三年级学生 2829 人,占比 21%。从性别来看,男生占 58%,女生占 42%。从专业看,文科学生占 52%,理工科学生占 48%。选取学生情况能很大程度代表全国高职院校大学生的普遍想法,具有广泛的代表性。

四、调查内容及结果

本调查报告是针对职业道德教育的认知是否随着年级的增长而更加深刻。数据表明,随年级的增长,高职大学生对自己以后要从事职业的职业道德要求越来越明确,具体情况如下。

1. 高职大学生对社会职业道德评价随年级增长而降低。认为当前社会劳动者的职业道德状况“很好”的,大三年级学生比大一年级学生低 8 个百分点。具体数据见表 1。

表 1　　高职大学生对社会职业道德状况评价

	大一年级		大二年级		大三年级	
选项	选择人数	占比	选择人数	占比	选择人数	占比
A. 很好	2437	36%	1323	32%	779	28%
B. 比较好	2547	38%	1648	39%	1057	37%
C. 一般	1678	25%	1159	28%	951	34%
D. 很差	83	1%	64	1%	42	1%

2. 高职大学生对自己以后要从事职业的职业道德要求认知,随年级增长而增加。大三年级学生明白自己以后从事职业的具体职业道德要求的比大一年级学生高 8 个百分点。具体数据见表 2。

表 2　　高职大学生对以后从事职业的职业道德要求认知

	大一年级		大二年级		大三年级	
选项	选择人数	占比	选择人数	占比	选择人数	占比
A. 明白	3531	52%	2321	55%	1721	60%
B. 略知一二	2694	40%	1562	37%	938	33%
C. 很模糊	469	7%	267	7%	148	5%
D. 不知道	51	1%	44	1%	22	2%

3. 高职大学生对职业道德重要性的认知，年级差异不大，但大二年级学生处于中间水平，比大一年级学生还低2个百分点。职业道德是自己的必备素质，对自己的事业成功至关重要。职业道德对自己未来职业生涯的重要性，三个年级学生都认为很重要，占比都在90%以上，但大二年级学生百分比最低。具体数据见表3。

表3　　高职大学生对职业道德对于未来职业生涯重要性认知

选项	大一年级		大二年级		大三年级	
	选择人数	占比	选择人数	占比	选择人数	占比
A. 是的，对我的成长、成功很重要	6227	92%	3774	90%	2629	93%
B. 对我有作用，但用处不大	488	7%	378	9%	186	6%
C. 跟我的成功几乎无关	30	1%	42	1%	14	1%

4. 高职大学生奋斗精神方面没有显著的年级差异。强烈的奋斗精神是成功的关键。调查数据表明，高职大学生的奋斗精神总体还是比较好的，而且基本没有年级差异。具体数据见表4。

表4　　高职大学生奋斗精神自我评价

选项	大一年级		大二年级		大三年级	
	选择人数	占比	选择人数	占比	选择人数	占比
A. 是的，我精神坚定	4721	70%	2971	72%	2060	73%
B. 我有这种精神，但不坚定	1889	28%	1094	25%	710	24%
C. 以后的工作看情况再说	121	1.8%	113	2.5%	49	2.5%
D. 我更愿过安稳、平淡日子	14	0.2%	16	0.5%	10	0.5%

5. 高职大学生在接受职业道德教育自觉性方面，年级差异也不大。但相对来看，大二年级学生处于中间水平，自觉接受职业道德教育的百分比低于大一年级学生。具体数据见表5。

表5　　高职大学生主动接受职业道德教育自觉性情况

选项	大一年级		大二年级		大三年级	
	选择人数	占比	选择人数	占比	选择人数	占比
A. 是	5710	85%	3477	83%	2466	87%
B. 还没想过	976	14%	651	16%	326	12%
C. 不是	59	1%	66	1%	37	1%

五、存在的主要问题及建议

（一）基本结论

1.高职大学生对职业道德认知随年级增长而趋于成熟。无论是大学生对社会职业道德评价随年级增长而降低，还是大学生对自己以后要从事职业的职业道德要求认知随年级增长而增加，这都表明，高职大学生随年级增长，社会阅历增加，其对社会和自己的认知水平都在变化，这符合人的成长规律和教育规律。

2.高职大学生普遍认可职业道德的重要性。高职大学生对职业道德重要性的认知没有显著的年级差异，说明高职大学生普遍对职业道德的重要性给予比较高的认同。

（二）主要问题

大学生职业道德教育要重视大二年级“中间洼地”现象。对职业道德重要性的认知，年级差异不大，但大二年级学生处于中间水平，百分比数据比大一年级还略低；对于是否愿意主动接受职业道德教育，年级差异也不大，但大二年级学生处于中间水平，百分比数据比大一年级也略低。这种情况的出现不太符合大学生成长和教育规律。按正常来说，这两个问题的百分比数据，大二年级学生应该比大一年级学生更高。在职业道德教育中出现大二年级“中间洼地”现象，也与当前高职大学生在学习、生活等方面的情况相吻合。

大一年级学生进入大学后，面对的一切都是新的——新的环境、新的学习和生活方式，对未来充满了希望，也充满激情。但随着激情的渐渐消失和过于理想化希望的“破灭”，他们逐渐变得现实、理智，看待问题更加客观，辩证思考能力越来越强，但同时怀疑的情绪和做事不再有激情在大二年级学生中普遍存在。所以，在大学生职业道德教育中出现这种现象也在情理之中。

（三）对策建议

建议一：高职院校要重视大学生职业道德教育，科学规划，严密组织实施，以培养高素质高技能复合型人才。

建议二：针对大学生职业道德教育出现的大二年级“中间洼地”现象，要制定针对性教育培养方案，既鼓励大二年级学生独立思考，更要激发他们对学习生活未来职业规划的创造热情。多采用校内实训和社会实践方式，加深他们对职业道德重要性的认知，并与自己人生规划紧密结合，让他们既学会独立思考，又对未来职业充满向往并努力奋斗。

附录一：高职院校大学生职业道德教育调查问卷

高职院校大学生职业道德教育调查问卷（大学生卷）

同学你好，为更好地培养人才，使学校更加重视职业道德教育，我们设计了这个问卷，请你根据自己了解的实际情况和真实想法在你认为合适的选项后打√。本问卷只作研究使用，不公开个人信息和内容，请放心作答。谢谢你的配合！

你的专业是＿＿＿＿＿＿＿　性别：男　女　你现在的年级是：＿＿＿＿＿＿＿

1. 你认为当前社会劳动者的职业道德状况如何？

A. 很好　B. 比较好　C. 一般　D. 很差

2. 现在社会只有恪守诚信和勤劳才能成功，是吗？

A. 是的，我坚信　B. 不一定，有的时候看机遇和头脑

C. 这观念过时了，可以灵活变通，固守诚信反而迂腐；现在要靠脑子和技术挣钱，跟勤劳无关

3. 你认为在职业发展的道路上以下哪个更重要？

A. 职业道德　B. 职业技能　C. 两者缺一不可

4. 你明白自己以后要从事的职业的职业道德要求吗？

A. 明白　B. 略知一二　C. 很模糊　D. 不知道

5. 你认为职业道德是自己的必备素质、对自己未来的职业成功至关重要吗？

A. 是的，对我的成长、成功很重要　B. 对我有作用，但用处不大

C. 跟我的成功几乎无关

6. 你认为大学生职业道德最重要的是

A. 爱岗敬业，忠于职守　B. 遵纪守法，诚实守信

C. 和睦互助，团结协作　D. 勤奋努力，吃苦耐劳

7. 你有强烈的奋斗精神，愿意经受职业风雨的磨砺而不逃避、退缩吗？

A. 是的，我精神坚定　　B. 我有这种精神，但不坚定

C. 以后的工作看情况再说　　D. 我更愿过安稳、平淡日子

8. 你有明确的职业目标和理想，一定努力实现目标，让理想变为现实，是吗？

A. 是的，我理想远大、明确

B. 我不追求很高的事业成就，只求通过工作实现家庭稳定、富足

C. 理想太虚，生活是残酷的　　D. 没考虑过

9. 到目前为止，你接受过职业道德教育吗？

A. 进入大学后接受过　　B. 进入大学后尚未接受

C. 在父母和以往学校教育中接受过

10. 你认为学习职业道德的目的是(可多选)

A. 自我提升需要　　B. 为将来就业增加砝码

C. 为了学分，顺利毕业　　D. 没考虑过

11. 你有兴趣和意愿在未来学习和工作生涯中接受职业道德的相关教育吗？

A. 很有兴趣，很愿意　　B. 有点兴趣，愿意了解一下

C. 我很忙，顾不上　　D. 没有兴趣　　E. 其他

12. 你认为学校重视对大学生职业道德教育吗？

A. 重视　　B. 有教育，但重视度一般　　C. 不重视

13. 你对当前学校开展大学生职业道德教育的总体感觉是

A. 比较系统丰富　　B. 有一点，但很零乱　　C. 好像没有开展

14. 你所学习的涉及大学生职业道德教育的课程主要有(可多选)

A. 思想道德修养与法律基础　　B. 大学生心理健康教育

C. 大学生就业创业类课程　　D. 专门的大学生职业道德教育课

E. 专业课渗透

15. 你喜欢学校开设的大学生职业道德教育相关课程吗？

A. 喜欢　　B. 比较喜欢

C. 一般　　D. 不喜欢，这些教育很虚、走形式

16. 从你在打工(或实习或社会实践活动)经历中体会到，学校职业道德教育课程与实际要求

A. 很贴近　　B. 根本不沾边　　C. 很少部分有用

17. 通过学校的大学生职业道德教育课程，你是否对职业道德的相关理论知识、社会主义职业道德的基本要求已经有所掌握？

A. 掌握很好　　B. 掌握一般　　C. 掌握很少，或者根本没有掌握

18. 你在专业实训实践过程中职业道德的表现是否列入“学生专业实训实践”评价体系？

A. 是　　　　　　B. 否　　　　　　　C. 没注意过

19. 你认为进行大学生职业道德教育应采取的主要方式是(可多选)

A. 思政课教学为主　　　　　　　　B. 各专业课教学中渗透为主

C. 到相关企业或实习基地学习为主　D. 主题讲座为主

20. 你对大学里开设专门的大学生职业道德教育课的看法是

A. 有必要,以行业职业道德规范为教材

B. 没必要,现行课程中所包含的内容已足够

C. 只要在现行教材已有内容的基础上不断更新即可

21. 你认为对大学生进行职业道德教育应该

A. 从大一开始　B. 从大二开始　　C. 从大三开始

22. 你现在是否在有意识地培养自己的职业道德?

A. 是　　　　　　B. 还没想过　　　　C. 不是

23. 你习得的职业道德知识是通过(可多选)

A. 政治理论课堂教学　　　　　　　B. 各专业课老师在课堂教学中渗透

C. 到相关企业或实习基地学习　　　D. 学校组织的专家讲座

E. 网络学习　　　　　　　　　　　F. 参加志愿活动

24. 你认为职业道德素质养成最有效的方式是

A. 榜样感召学习　　　　　　　　　B. 自我感悟

C. 在实践中学习　　　　　　　　　D. 道德理论学习

25. 你对当前大学生职业道德教育有什么具体建议?(请简短作答)

高职院校大学生职业道德教育调查问卷(教师卷)

老师您好！我们想对高职院校大学生职业道德教育方面的情况做个调查，以便对该项工作进行研究并提出建设性意见。本次调查只用于研究，对涉及学校等信息均保密，请放心。请在您认为合适的选项后画√。诚挚感谢您的支持！

您学校名称：________________________

您的身份：A. 思政课教师　B. 辅导员　C. 专业教师　D. 行政人员

您的职称是：A. 教授　B. 副教授　C. 讲师　D. 助教

您的年龄：A. 25～35 岁　B. 36～45 岁　C. 46～50 岁　D. 50～55 岁　E. 56 岁以上

1. 您认为当前社会劳动者的职业道德状况如何？

A. 很好　B. 比较好　C. 一般　D. 很差

2. 您认为职业道德对高职大学生就业和职业发展的作用是

A. 非常重要　B. 比较重要　C. 一般　D. 不重要

3. 您认为在高职大学生职业发展的道路上职业道德和职业技能哪个更重要？

A. 职业道德　B. 职业技能　C. 职业道德为先，两者缺一不可

D. 职业技能为主，职业道德为辅

4. 您认为大学生职业道德包含的最重要的内容是(必须单选)

A. 爱岗敬业，忠于职守　B. 遵纪守法，诚实守信

C. 和睦互助，团结协作　D. 勤奋努力，吃苦耐劳

5. 您认为您的学校重视大学生职业道德教育吗？

A. 非常重视　B. 比较重视　C. 一般　D. 不重视

6. 您觉得大学生对学校进行的大学生职业道德教育的认同感是

A. 非常认同　B. 比较认同　C. 一般　D. 不认同

E. 学生麻木，没感觉，无所谓

7. 您学校开设大学生职业道德教育课吗？是必修课还是选修课？

A. 开设　B. 没有开设　C. 不了解　D. 其他

E. 必修　F. 选修课

8. 您学校开展大学生职业道德教育课的状况是(单选)

A. 有专门职业道德教育课

B. 分散于思想道德修养与法律基础、大学生心理健康教育、大学生就业创业类课程等课程中

C. 在专业课中渗透　　D. 其他

9. 大学生职业道德教育课程开设在哪个学期?课时多少?

A. 大一上学期　　B. 大一下学期　　C. 大二上学期　　D. 大二下学期

E. 大三上学期　　F. 大三下学期　　G. 2 课时　　H. 3 课时

I. 4 课时

10. 您认为大学生职业道德教育课的设置是

A. 非常重要,应该单独设置

B. 比较重要,思想道德修养与法律基础、大学生心理健康教育、大学生就业创业类等课程都涉及就可以

C. 比较重要,最好和专业课结合,在专业课中渗透就可以

D. 职业道德教育是学生工作以后的事,学校里不应该设置这门课

11. 您上大学生职业道德教育课吗?如果上,您最大的感受是什么?

A. 上　　B. 不上

C. 课程很重要,学生很喜欢,自己很享受

D. 对学生有帮助,感觉比较好

E. 学生不重视,感觉一般

F. 为完成教学任务,谈不上什么感觉

12. 您讲授大学生职业道德教育课多采用哪几种方法(可多选)?

A. 一般讲述　　B. 案例教学法　　C. 理论讲述与实践结合法　　D. 其他

13. 您学校大学生职业道德教育课考核采取的方式是

A. 考试　　B. 考查　　C. 理论考试和实践考核结合

14. 您认为进行大学生职业道德教育应采取的主要方式是(可多选)

A. 进行职业道德教育课讲授　　B. 在各专业课教学中渗透

C. 到相关企业或实习基地学习　　D. 主题讲座

E. 平时参与社会实践和社团活动

15. 您对当前高职院校大学生职业道德教育和大学生职业道德教育课教学有什么具体建议?(请简短作答)

高职院校大学生职业道德教育调查问卷(企业管理者卷)

尊敬的女士/先生,您好！为使高职院校大学生职业道德教育更有针对性和实效性,为社会和企业培养更优秀的人才,我们设计了这个问卷,恳请您百忙之中给予支持和帮助。

本次问卷共有26题,请您根据自己了解的实际情况和真实想法,在您认为合适的选项后打√。本问卷只作研究使用,不会泄露您单位及个人任何信息,请放心作答。谢谢您的支持和配合！

一、基本情况

1. 您所在单位的名称：

2. 您所在单位的性质是

A. 国有企业　B. 私营企业　C. 合资企业　D. 外资企业

3. 您所在单位所属行业是

A. 制造业　B. 服务业　C. 金融外贸　D. 采矿

E. 农、牧、林、渔业　F. 供水、供电、煤气、蒸汽供应

G. 建筑业　H. 批发和零售业

I. 汽车和摩托车修理　J. 运输与存储

K. 信息和通信　L. 房地产　M. 科学和技术研究

4. 您所在单位的规模是

A. 大型企业　B. 中型企业　C. 小型企业　D. 微型企业

5. 您的性别是

A. 男　B. 女

6. 您的年龄是

A. 23～30岁　B. 31～35岁　C. 35～40岁　D. 41～45岁

E. 46～50岁　F. 51～55岁　G. 56岁及以上

7. 您的职务是

A. 高层管理者　B. 中层管理者　C. 基层管理者

8. 您的学历是

A. 专科　B. 本科　C. 硕士研究生　D. 博士研究生

E. 其他

二、对大学生职业道德方面的认知和基本判断

9. 您对当前中国经济形势发展未来预测是

A. 充满希望　B. 比较乐观　C. 一般　D. 比较悲观

E. 很悲观　F. 不好说

10. 您认为制约您单位发展的主要困难和问题是

A. 国家政策、体制机制　B. 内部管理体制机制

C. 中国经济大环境不好　D. 资金

E. 拔尖人才短缺　F. 劳动力缺乏

11. 您认为职业道德是靠什么起作用?

A. 社会舆论　B. 传统习俗　C. 内心信念　D. 规章制度

12. 您认为职业道德对您当时就业和目前的职业发展影响大吗?

A. 非常大　B. 比较大　C. 不大　D. 没考虑过

13. 您选人的标准是

A. 看重学校,非“985”“211”高校毕业不要

B. 看重学历,研究生最好,本科次之,高职最后

C. 因岗位需求而定,不唯学校、学历

D. 英雄不问出处,主要看毕业生的综合素质和能力

E. 更加看重求职者的人品道德

F. 更加看重求职者的技术技能

14. 您用人的标准是

A. 做人第一,德才兼备　B. 技能为先,兼顾品德

C. 做人与专业(技能)并重　D. 根据岗位不同确定用人标准

E. 其他

15. 您认为在职业生涯中必须具备的素质和能力有(限选三项)

A. 业务能力　B. 沟通能力　C. 创新能力　D. 执行力

E. 职业道德素质　F. 良好的心理素质

G. 自我学习能力

16. 您对当前职场中职业道德的基本评价是

A. 好　B. 比较好　C. 一般　D. 比较差　E. 极差

17. 您认为当前社会职业道德不高的原因是

A. 企业重利忘义　B. 受社会道德风气不好影响

C. 学校教育不够

D. 企业不重视职业道德活动,职业者本身素质比较差

E. 法律法规不健全,约束力不够　F. 其他

18. 您对刚入职大学毕业生在职业道德方面的总体评价是

A. 好　　B. 比较好　　C. 一般　　D. 比较差　　E. 极差

19. 您认为职业道德对大学生就业和职业发展的关系大吗?

A. 非常大　　B. 比较大　　C. 不大　　D. 没考虑过

20. 您认为大学毕业生在职业道德方面最突出的缺点是(限选三项)

A. 缺乏认真踏实的工作态度　　B. 缺乏合作共事的团结意识

C. 缺乏吃苦耐劳的工作作风　　D. 缺乏虚心好学、尊敬前辈的谦虚态度

E. 缺乏守时、诚信的个人品质

F. 好高骛远、眼高手低、轻易放弃的行事作风

G. 其他

21. 在构成职业道德诸方面中,您认为最基础、核心方面应该包括(限选三项)

A. 职业理想　　B. 职业态度　　C. 职业技能　　D. 职业良心

E. 职业荣誉　　F. 职业作风　　G. 职业义务　　H. 其他

22. 您所理解的职业道德主要内容包括

A. 爱岗敬业　　B. 诚信守信　　C. 办事公道　　D. 服务群众

E. 奉献精神　　F. 有合作意识,大局观念强

G. 不墨守成规、敢于创新的拼搏精神

H. 不怕挫折、不随意放弃的行为方式　　I. 其他

三、对职业道德教育的认知

23. 您觉得高职院校比普通本科院校更应重视大学生职业道德教育吗?

A. 是　　B. 不是　　C. 都应该重视

24. 您认为大学生职业道德教育应该是

A. 必须在大学里进行,为入职提前做好准备

B. 入职后在岗位上受教育,自然就会养成

C. 在大学和职场中都应进行　　D. 没考虑过　　E. 其他

25. 您认为高校进行大学生职业道德教育的主要方式应该是

A. 以课堂传授、了解知识内容为主

B. 以体验式教学为主,比如实训、社会实践等

C. 工学结合、顶岗实习、订单培养等,在工作岗位中直接培养

D. 与学校日常教育管理相结合,培养职业道德意识和职业习惯

E. 以上多种形式相结合

26. 您对高校开展大学生职业道德教育的建议是:

高职院校大学生职业道德教育调查问卷(企业职员卷)

尊敬的女士/先生,您好!为更好地培养人才,使学校更加重视学生职业道德教育,让学生充分就业,我们设计了这个问卷,恳请您的支持和帮助。

本次问卷共有28题,请您根据自己了解的实际情况和真实想法在您认为合适的选项后打√。

本问卷只作研究使用,不会泄露您单位及个人任何信息,请放心作答。谢谢您的支持和配合!

一、基本信息

1. 您属于哪个年龄段?

A. 20~29岁　B. 30~39岁　C. 40~49岁　D. 50岁以上

2. 您性别是

A. 男　B. 女

3. 您的学历是

A. 硕士研究生　B. 本科　C. 专科　D. 中专　E. 其他

4. 您毕业的学校类型是

A. "985"/"211"高校　B. 普通本科院校

C. 全国示范/骨干高职院校　D. 一般高职院校

E. 中职院校　F. 其他

5. 您的专业背景是

A. 普通文科　B. 普通理科　C. 工科　D. 经贸类

E. 农学类　F. 医学类　G. 管理类　H. 其他

二、对大学生职业道德方面的认知和基本判断

6. 您认为职业道德主要是靠什么起作用?

A. 社会舆论　B. 传统习俗　C. 内心信念　D. 规章制度

7. 您对当前社会职业道德状况的基本评价是

A. 好　B. 比较好　C. 一般　D. 比较差　E. 极差

8. 您认为当前社会职业道德不高的原因是

A. 企业重利忘义　B. 受社会道德风气不好影响

C. 职工很少或没接受过相关教育

D. 企业不重视职业道德教育，职业者本身素质差

E. 法律法规不健全，约束力不够　F. 其他

9. 您认为个人职业生涯成长是否需要职业道德约束？

A. 不需要，自身自律性很强

B. 需要，健康职业生涯需要以此来督促和警示

C. 职业生涯和职业道德无关

D. 不了解

10. 您认为职业道德对您当时就业和目前的职业发展影响大吗？

A. 非常大　B. 比较大　C. 不大　D. 没考虑过

11. 您认为职业道德对您最大的好处是什么？

A. 在就业竞争中有优势　B. 纠正不良的工作行为习惯

C. 是事业成功的根本，也是核心竞争力　D. 没什么好处可言

12. 您的职业道德观念主要来源于(多选)

A. 学校职业道德教育课程

B. 专业课中教师渗透的职业道德教育

C. 学校实训、顶岗实习、学徒制等教学环节中养成

D. 学校日常管理养成的职业道德意识和习惯

E. 在校期间社会实践　F. 工作经验

G. 单位的职业道德教育

13. 您所在企业选人更看重的是(限选三项)

A. 看重学校，非“985”“211”高校毕业不要

B. 看重学历，研究生最好，本科次之，高职最后

C. 因岗位需求而定，不唯学校、学历

D. 英雄不问出处，主要看毕业生的综合素质和能力

E. 更看重就业者的人品道德

14. 您所在企业用人的标准是

A. 做人第一，德才兼备　B. 技能为先，兼顾品德

C. 做人与专业(技能)并重　D. 根据岗位不同确定用人标准

E. 其他

15. 您认为职业道德对大学生就业和职业发展的关系大吗？

A. 非常大　B. 比较大　C. 不大　D. 不清楚

E. 没考虑过

16. 您对现在刚入职大学毕业生在职业道德方面的总体评价是

A. 好　B. 比较好　C. 一般　D. 比较差　E. 极差

17. 您认为大学毕业生在职业道德方面最突出的缺点是(限选三项)
A. 缺乏认真踏实的工作态度　　B. 缺乏合作共事的团结意识
C. 缺乏吃苦耐劳的工作作风　　D. 缺乏虚心好学、尊敬前辈的谦虚态度
E. 缺乏守时、诚信的个人品质
F. 好高骛远、眼高手低、轻易放弃的行事作风　　G. 其他

18. 在构成职业道德诸方面中,您认为最基础核心方面应该包括(限选三项)
A. 职业理想　　B. 职业态度　　C. 职业技能　　D. 职业良心
E. 职业荣誉　　F. 职业作风　　G. 职业义务　　H. 其他

19. 您所理解的职业道德主要内容包括(限选三项)
A. 爱岗敬业　　B. 诚信守信　　C. 办事公道　　D. 服务群众
E. 奉献精神　　F. 有合作意识,大局观念强
G. 不墨守成规、敢于创新的拼搏精神
H. 不怕挫折、不随意放弃的行为方式　　I. 其他

20. 您认为在职业生涯中必须具备的素质、能力有哪些?(限选三项)
A. 业务能力　　B. 沟通能力　　C. 创新能力　　D. 执行力
E. 职业道德素质　F. 良好的心理素质　　G. 自我学习能力

三、对职业道德教育的认知

21. 您是否了解职业道德教育?
A. 了解　　B. 听说过,但具体不很清楚　　C. 没听说过

22. 您觉得高职院校比普通本科院校更应重视大学生职业道德教育吗?
A. 是　　B. 不是　　C. 都应该重视

23. 请您回想一下,在学校开展的职业道德教育中您收获最大的是哪几种方法?(限选三项)
A. 学校职业道德教育课程　　B. 在专业课中教师渗透的职业道德教育
C. 学校实训、顶岗实习、学徒制等教学环节中养成
D. 学校日常管理养成的职业道德意识和习惯
E. 在校期间社会实践　　F. 没有收获

24. 您认为大学生职业道德教育应该是
A. 必须在大学里进行,为入职提前做好准备
B. 入职后在岗位上受教育,自然就会养成
C. 在大学和职场中都应进行　　D. 没考虑过　　E. 其他

25. 您觉得是否有必要在工作中进行职业道德教育?
A. 有必要,对自身有帮助　　B. 没必要,浪费时间
C. 没必要,制度、规则约束远比教育效果强

D. 没必要，职场环境、岗位职责要求就是最好的教育方式

26. 您单位重视职业道德教育相关活动吗？

A. 非常重视　　B. 比较重视　　C. 一般　　D. 不重视

27. 您单位进行职业道德教育活动的方式是

A. 日常工作融入职业道德教育内容

B. 用制度、规则和考核等手段直接约束

C. 专题教育、日常工作和制度规章约束等手段相结合

D. 通过师徒制传授

E. 职场环境、岗位职责要求就是最好的教育方式

F. 其他

您觉得以上哪种方式效果最好，请在下面所对应字母上打√

A　B　C　D　E　F

28. 您对高校开展大学生职业道德教育的建议是：

附录二：国家有关部门重要文件

中共中央关于印发《公民道德建设实施纲要》的通知

（中发〔2001〕15号）

各省、自治区、直辖市党委，各大军区党委，中央各部委，国家机关各部委党组（党委），军委各总部、各军兵种党委，各人民团体党组：

现将《公民道德建设实施纲要》（以下简称《纲要》）印发给你们，请认真贯彻执行。

加强社会主义思想道德建设，是发展先进文化的重要内容和中心环节。在新的历史条件下，从公民道德建设入手，继承中华民族几千年形成的传统美德，发扬党领导人民在长期革命斗争与建设实践中形成的优良传统道德，借鉴世界各国道德建设的成功经验和先进文明成果，努力建立与发展社会主义市场经济相适应的社会主义道德体系，对形成追求高尚、激励先进的良好社会风气，保证社会主义市场经济的健康发展，促进整个民族素质的不断提高，全面推进建设有中国特色社会主义伟大事业，具有十分重要的意义。

各地区、各部门一定要从全面贯彻落实江泽民同志在庆祝中国共产党成立80周年大会上的重要讲话和“三个代表”重要思想的战略高度，充分认识加强公民道德建设的重要性、艰巨性、长期性和紧迫性，把公民道德建设放在突出位置来抓，促进依法治国与以德治国的紧密结合，推动经济和社会的全面发展。要依据《纲要》，结合实际，研究制定贯彻意见和具体措施，并认真组织实施。中央文明委、中央宣传部要对《纲要》的实施工作进行指导和检查，并负责将各地区、各部门贯彻情况向中央报告。

中共中央

二〇〇一年九月二十日

公民道德建设实施纲要

一、公民道德建设的重要性

1.社会主义道德建设是发展先进文化的重要内容。在新世纪全面建设小康社会,加快改革开放和现代化建设步伐,顺利实现第三步战略目标,必须在加强社会主义法制建设、依法治国的同时,切实加强社会主义道德建设、以德治国,把法制建设与道德建设、依法治国与以德治国紧密结合起来,通过公民道德建设的不断深化和拓展,逐步形成与发展社会主义市场经济相适应的社会主义道德体系。这是提高全民族素质的一项基础性工程,对弘扬民族精神和时代精神,形成良好的社会道德风尚,促进物质文明与精神文明协调发展,全面推进建设有中国特色社会主义伟大事业,具有十分重要的意义。

2.党的十一届三中全会特别是十四大以来,随着改革开放和现代化建设事业的深入发展,社会主义精神文明建设呈现出积极健康向上的良好态势,公民道德建设迈出了新的步伐。爱国主义、集体主义、社会主义思想日益深入人心,为人民服务精神不断发扬光大,崇尚先进、学习先进蔚然成风,追求科学、文明、健康生活方式已成为人民群众的自觉行动,社会道德风尚发生了可喜变化,中华民族的传统美德与体现时代要求的新的道德观念相融合,成为我国公民道德建设发展的主流。

但是,我国公民道德建设方面仍然存在着不少问题。社会的一些领域和一些地方道德失范,是非、善恶、美丑界限混淆,拜金主义、享乐主义、极端个人主义有所滋长,见利忘义、损公肥私行为时有发生,不讲信用、欺骗欺诈成为社会公害,以权谋私、腐化堕落现象严重存在。这些问题如果得不到及时有效解决,必然损害正常的经济和社会秩序,损害改革发展稳定的大局,应当引起全党全社会高度重视。

3.加强公民道德建设是一项长期而紧迫的任务。面对社会经济成分、组织形式、就业方式、利益关系和分配方式多样化的趋势,面对全面建设小康社会,人民群众的精神文化需求不断增长,面对世界范围各种思想文化的相互激荡,道德建设有许多新情况、新问题和新矛盾需要研究解决。必须适应形势发展的要求,抓住有利时机,巩固已有成果,加强薄弱环节,积极探索新形势下道德建设的特点和规律，在内容、形式、方法、手段、机制等方面努力改进和创新，把公民道德建设提高到一个新的水平。

二、公民道德建设的指导思想和方针原则

4.根据党在社会主义初级阶段的历史任务，当前和今后一个时期，我国公民道德建设的指导思想是：以马克思列宁主义、毛泽东思想、邓小平理论为指导，全面贯彻江泽民同志“三个代表”重要思想，坚持党的基本路线、基本纲领，重在建设、以人为本，在全民族牢固树立建设有中国特色社会主义的共同理想和正确的世界观、人生观、价值观，在全社会大力倡导“爱国守法、明礼诚信、团结友善、勤俭自强、敬业奉献”的基本道德规范，努力提高公民道德素质，促进人的全面发展，培养一代又一代有理想、有道德、有文化、有纪律的社会主义公民。

5.坚持社会主义道德建设与社会主义市场经济相适应。要充分发挥社会主义市场经济机制的积极作用，不断增强人们的自立意识、竞争意识、效率意识、民主法制意识和开拓创新精神。正确运用物质利益原则，反对只讲金钱、不讲道德的错误倾向，在实践中确立与社会主义市场经济相适应的道德观念和道德规范，为改革开放和现代化建设提供强大的精神动力与思想保证。

6.坚持继承优良传统与弘扬时代精神相结合。要继承中华民族几千年形成的传统美德，发扬我们党领导人民在长期革命斗争与建设实践中形成的优良传统道德，积极借鉴世界各国道德建设的成功经验和先进文明成果，在全社会大力宣传和弘扬解放思想、实事求是，与时俱进、勇于创新，知难而进、一往无前，艰苦奋斗、务求实效，淡泊名利、无私奉献的时代精神，使公民道德建设既体现优良传统，又反映时代特点，始终充满生机与活力。

7.坚持尊重个人合法权益与承担社会责任相统一。要保障公民依法享有政治、经济、文化、社会生活等各方面的民主权利，鼓励人们通过诚实劳动和合法经营获取正当物质利益。引导每个公民自觉履行宪法和法律规定的各项义务，积极承担自己应尽的社会责任。把权利与义务结合起来，树立把国家和人民利益放在首位而又充分尊重公民个人合法利益的社会主义义利观。

8.坚持注重效率与维护社会公平相协调。要把效率与公平的统一作为社会主义道德建设的重要目标，在全社会形成注重效率、维护公平的价值观念。把效率与公平结合起来，使每个公民既有平等参与机会又能充分发挥自身潜力，促进经济发展，保持社会稳定。

9.坚持把先进性要求与广泛性要求结合起来。要从实际出发，区分层次，着眼多数，鼓励先进，循序渐进。积极鼓励一切有利于国家统一、民族团结、经济发展、社会进步的思想道德，大力倡导共产党员和各级干部带头实践社会主义、共

产主义道德,引导人们在遵守基本道德规范的基础上,不断追求更高层次的道德目标。

10.坚持道德教育与社会管理相配合。要广泛进行道德教育,普及道德知识和道德规范,帮助人们加强道德修养。建立健全有关法律法规和制度,把公民道德建设融于科学有效的社会管理之中。逐步完善道德教育与社会管理、自律与他律相互补充和促进的运行机制,综合运用教育、法律、行政、舆论等手段,更有效地引导人们的思想,规范人们的行为。

三、公民道德建设的主要内容

11.从我国历史和现实的国情出发,社会主义道德建设要坚持以为人民服务为核心,以集体主义为原则,以爱祖国、爱人民、爱劳动、爱科学、爱社会主义为基本要求,以社会公德、职业道德、家庭美德为着力点。在公民道德建设中,应当把这些主要内容具体化、规范化,使之成为全体公民普遍认同和自觉遵守的行为准则。

12.为人民服务作为公民道德建设的核心,是社会主义道德区别和优越于其他社会形态道德的显著标志。它不仅是对共产党员和领导干部的要求,也是对广大群众的要求。每个公民不论社会分工如何、能力大小,都能够在本职岗位,通过不同形式做到为人民服务。在新的形势下,必须继续大张旗鼓地倡导为人民服务的道德观,把为人民服务的思想贯穿于各种具体道德规范之中。要引导人们正确处理个人与社会、竞争与协作、先富与共富、经济效益与社会效益等关系,提倡尊重人、理解人、关心人,发扬社会主义人道主义精神,为人民为社会多做好事,反对拜金主义、享乐主义和极端个人主义,形成体现社会主义制度优越性、促进社会主义市场经济健康有序发展的良好道德风尚。

13.集体主义作为公民道德建设的原则,是社会主义经济、政治和文化建设的必然要求。在社会主义社会,人民当家作主,国家利益、集体利益和个人利益根本上的一致,使集体主义成为调节三者利益关系的重要原则。要把集体主义精神渗入社会生产和生活的各个层面,引导人们正确认识和处理国家、集体、个人的利益关系,提倡个人利益服从集体利益、局部利益服从整体利益、当前利益服从长远利益,反对小团体主义、本位主义和损公肥私、损人利己,把个人的理想与奋斗融入广大人民的共同理想和奋斗之中。

14.爱祖国、爱人民、爱劳动、爱科学、爱社会主义作为公民道德建设的基本要求,是每个公民都应当承担的法律义务和道德责任。必须把这些基本要求与具体道德规范融为一体,贯穿公民道德建设的全过程。要引导人们发扬爱国主义精神,提高民族自尊心、自信心和自豪感,以热爱祖国、报效人民为最大光荣,以损害祖国利益、民族尊严为最大耻辱，提倡学习科学知识、科学思想、科学精神、科学方法，艰苦创业、勤奋工作，反对封建迷信、好逸恶劳，积极投身于建设有中国特色社会主义的伟大事业。

15. 社会公德是全体公民在社会交往和公共生活中应该遵循的行为准则，涵盖了人与人、人与社会、人与自然之间的关系。在现代社会，公共生活领域不断扩大，人们相互交往日益频繁，社会公德在维护公众利益、公共秩序，保持社会稳定方面的作用更加突出，成为公民个人道德修养和社会文明程度的重要表现。要大力倡导以文明礼貌、助人为乐、爱护公物、保护环境、遵纪守法为主要内容的社会公德，鼓励人们在社会上做一个好公民。

16. 职业道德是所有从业人员在职业活动中应该遵循的行为准则，涵盖了从业人员与服务对象、职业与职工、职业与职业之间的关系。随着现代社会分工的发展和专业化程度的增强，市场竞争日趋激烈，整个社会对从业人员职业观念、职业态度、职业技能、职业纪律和职业作风的要求越来越高。要大力倡导以爱岗敬业、诚实守信、办事公道、服务群众、奉献社会为主要内容的职业道德，鼓励人们在工作中做一个好建设者。

17. 家庭美德是每个公民在家庭生活中应该遵循的行为准则，涵盖了夫妻、长幼、邻里之间的关系。家庭生活与社会生活有着密切的联系，正确对待和处理家庭问题，共同培养和发展夫妻爱情、长幼亲情、邻里友情，不仅关系到每个家庭的美满幸福，也有利于社会的安定和谐。要大力倡导以尊老爱幼、男女平等、夫妻和睦、勤俭持家、邻里团结为主要内容的家庭美德，鼓励人们在家庭里做一个好成员。

四、大力加强基层公民道德教育

18. 提高公民道德素质，教育是基础。要紧紧抓住影响人们道德观念形成和发展的重要环节，通过家庭、学校、机关、企事业单位和社会各方面，坚持不懈地在全体公民中进行道德教育，把建设有中国特色社会主义的思想观念和道德要求，不断灌注到全体党员和干部群众的头脑之中，使人们懂得什么是对的，什么是错的，什么是可以做的，什么是不应该做的，什么是必须提倡的，什么是坚决反对的。

19. 家庭是人们接受道德教育最早的地方。高尚品德必须从小开始培养，从娃娃抓起。要在孩子懂事的时候，深入浅出地进行道德启蒙教育；要在孩子成长的过程中，循循善诱，以事明理，引导其分清是非、辨别善恶。要在家庭生活中，通过每个成员良好的言行举止，相互影响，共同提高，形成好的家风。

20. 学校是进行系统道德教育的重要阵地。各级各类学校必须认真贯彻党的教育方针,全面推进素质教育,把教书与育人紧密结合起来。要科学规划不同年龄学生及各学习阶段道德教育的具体内容,坚持贯彻学生日常行为规范,加强校纪校风建设。要发挥教师为人师表的作用,把道德教育渗透到学校教育的各个环节。要组织学生参加适当的生产劳动和社会实践活动,帮助他们认识社会、了解国情,增强社会责任感。

21. 机关、企事业单位是对公民进行道德教育的重要场所。各类机关、企事业单位应当从自己的实际出发,有计划、有重点地抓好道德教育。要把道德特别是职业道德作为岗前和岗位培训的重要内容,帮助从业人员熟悉和了解与本职工作相关的道德规范,培养敬业精神。要把遵守职业道德的情况作为考核、奖惩的重要指标,促使从业人员养成良好的职业习惯,树立行业新风。

22. 社会是进行公民道德教育的大课堂。党政各部门、社会各方面以及城市社区、农村基层组织在公民道德教育中,有着义不容辞的责任。要结合各自的工作职能,运用多种形式和手段,大力宣传基本道德知识、道德规范和必要礼仪,使之家喻户晓、人人皆知。要积极开发优秀民族道德教育资源,利用各种爱国主义教育基地,进行历史和革命传统教育。要不断充实富有时代特色的道德教育内容,推广群众易于接受的各种教育方式。各类市民学校、职工学校、民工学校、农民夜校、家政学校等,要通过编写和运用通俗易懂的简明教材,对公民进行道德教育。

23. 家庭、学校、机关、企事业单位和社会在公民道德教育方面各有侧重、各有特点,是相互衔接、密不可分的统一整体。必须把家庭教育、学校教育、单位教育和社会教育紧密结合起来,相互配合,相互促进。要突出加强社会教育,巩固家庭教育、学校教育、单位教育的成果,促进公民道德教育的深化。

五、深入开展群众性的公民道德实践活动

24. 公民道德建设的过程,是教育和实践相结合的过程。以活动为载体,吸引群众普遍参与,是新形势下加强公民道德建设的重要途径。每个公民既是道德建设过程的参与者,也是道德建设成果的受益者,要坚持在各种类型的群众性精神文明创建活动中突出思想内涵,强化道德要求,使人们在自觉参与中思想感情得到熏陶,精神生活得到充实,道德境界得到升华。

25. 以"讲文明树新风"为主题的创建文明城市、文明村镇、文明行业活动,各级党政机关开展的创先争优、依法行政、公正执法、做人民满意公务员活动,以及社会各界组织的"希望工程"、"送温暖"、"志愿者"、"手拉手"、"幸福工程"、"春蕾计划"、"扶残助残"等公益活动,覆盖面广、参与人数多,对公民道德建设有着深刻的影响。要在各项创建活动中充分体现社会公德、职业道德、家庭美德的内

容，明确具体标准，制定落实措施，力求取得实效。

26.建国以来特别是改革开放和社会主义现代化建设中涌现出来的先进集体、先进人物，是实践社会主义道德的榜样。要广泛开展向先进典型学习的活动，善于发现和运用先进典型，树立可亲、可敬、可信、可学的道德楷模，让广大群众学有榜样、赶有目标、见贤思齐，从先进典型的感人事迹和优秀品质中受到鼓舞、汲取力量，使先进典型的高尚情操成为社会的共同财富。

27.各种重要节日、纪念日，蕴藏着宝贵的道德教育资源。要利用“五四”“七一”“八一”“十一”等革命节日，“三八”“五一”“六一”等国际性节日，以及民间传统节日和重大历史事件、历史人物纪念日等，举行形式多样的群众性庆祝、纪念活动，使人们在集体聚会、合家团圆的同时，增强对祖国、对家乡、对自然、对生活的热爱，陶冶道德情操。

28.开展必要的礼仪、礼节、礼貌活动，对规范人们的言行举止，有着重要的作用。要提倡在重要场所和重大活动中升国旗、唱国歌，开展入队、入团、入党宣誓、成人仪式以及各种形式的重礼节、讲礼貌、告别不文明言行等活动，引导公民增强礼仪、礼节、礼貌意识，不断提高自身道德修养。

29.各种道德实践活动源于基层、扎根群众，反映了人民群众对美好生活的向往和追求，有着强大的生命力。要因势利导，发挥基层组织和群众团体的骨干作用、先进典型和先进单位的带动作用、广大群众的主体作用，坚持从具体事情做起、从群众最关心的事情抓起，使道德实践活动与各项业务工作紧密结合，贴近基层、贴近群众、贴近生活，防止和克服形式主义，促进公民道德建设稳步向前发展。

六、积极营造有利于公民道德建设的社会氛围

30.大众传媒、文学艺术以及体育活动，对公民道德建设有着特殊的渗透力和影响力。一切思想文化阵地、一切精神文化产品，都要宣传科学理论、传播先进文化、塑造美好心灵、弘扬社会正气、倡导科学精神，大力宣传体现时代精神的道德行为和高尚品质，激励人们积极向上，追求真善美；坚决批评各种不道德行为和错误观念，帮助人们辨别是非，抵制假恶丑，为推进公民道德建设创造良好的舆论文化氛围。

31.广播、电视、报纸、刊物等大众媒体，要坚持团结稳定鼓劲、正面宣传为主，牢牢把握正确舆论导向，满腔热情地宣传两个文明建设中涌现出来的、反映新时期道德要求的新事物、新典型。要利用群众喜爱的名牌栏目，加强对社会普遍关注的道德热点问题的引导。要积极开展舆论监督，有力地批评背离社会主义道德的错误言行和丑恶现象。要发动群众参与，对具有典型意义的人和事展开讨论。计算机互联网作为开放式信息传播和交流工具,是思想道德建设的新阵地。要加大网上正面宣传和管理工作的力度,鼓励发布进步、健康、有益的信息,防止反动、迷信、淫秽、庸俗等不良内容通过网络传播。要引导网络机构和广大网民增强网络道德意识,共同建设网络文明。

32.电影、电视剧、戏曲、音乐、舞蹈、美术、摄影、小说、诗歌、散文、报告文学等各类文艺作品的创作,要积极反映改革开放和现代化建设的火热生活,热情讴歌人民群众的开拓进取精神和良好道德风貌,以其独特形式和艺术魅力,给人以鼓舞、启迪和美的享受。要在各种文艺评论、评介、评奖中,把是否合乎社会主义道德作为一条重要标准。要加强对人们审美观念的引导,提倡高雅、健康的审美情趣。要坚决制止出版、播映、演出格调低下的作品和节目,依法打击反动、淫秽及各种非法出版物,让健康的文化产品占领思想文化阵地。要切实加强对娱乐服务场所的监督管理,严厉打击卖淫嫖娼、赌博、吸毒等社会丑恶现象。各种类型的商业性广告,要注意文化艺术品位,不得出现有损道德、有伤风化的内容。要大力提倡各种形式的社会公益广告,净化人们心灵,优化人文环境。各种类型的体育活动,要精心组织、加强引导,吸引群众参与,以健康向上、团结拼搏的氛围,激发人们的团队精神和爱国热情。

七、努力为公民道德建设提供法律支持和政策保障

33.公民道德建设是一个复杂的社会系统工程,要靠教育,也要靠法律、政策和规章制度。必须综合运用各种手段,把提倡与反对、引导与约束结合起来,通过严格科学的管理,培养文明行为,抵制消极现象,促进扶正祛邪、扬善惩恶社会风气的形成、巩固和发展。

34.加强社会主义法制,是公民道德建设健康发展的重要保证。要按照建设社会主义法治国家的要求,把道德建设与法制建设紧密结合起来。在认真抓好全民法制宣传教育的同时,加大执法力度,严厉打击危害社会的各种违法犯罪活动,维护正常经济秩序、公共秩序、生活秩序,为公民道德建设提供强有力的法律支持。

35.各项经济、社会政策,对人们的价值取向、道德行为有着直接影响。各地区、各部门在制定政策时,不仅要注重经济和社会事业发展的需要,而且要体现社会主义精神文明和公民道德建设的要求。既要保护和支持所有通过正当、合法手段获取个人和团体利益的行为,又要提倡和奖励多为他人和社会作奉献、道德高尚的行为,防止和避免因具体政策的不当或失误给社会带来消极后果,为公民道德建设提供正确的政策导向。

36.公民良好道德习惯的养成是一个长期、渐进的过程,离不开严明的规章

制度。各地区、各部门、各行业和各基层单位在建立健全规章制度时，要充分体现相关的道德规范和具体要求。要把思想引导与利益调节、精神鼓励与物质奖励统一起来，加强督促检查，严格考核奖惩，确保各种行政规章以及道德守则和公约在实践中得到落实，为公民道德建设提供有效的制度保障。

八、切实加强对公民道德建设的领导

37.各地区、各部门必须始终不渝地坚持“两手抓、两手都要硬”的方针，充分认识新形势下加强公民道德建设的重要性、艰巨性、长期性和紧迫性，把它作为一项十分重要的工作，放在突出位置，提供有利条件，下决心狠狠地抓，一天不放松地抓，从具体事情抓起。

38.加强公民道德建设，共产党员和领导干部的模范带头作用十分重要。广大党员特别是各级领导干部要讲学习、讲政治、讲正气，牢记党的根本宗旨，努力改造主观世界，加强道德修养，自重、自省、自警、自励。要严格遵守党员领导干部廉洁从政的有关规定，清正廉洁，勤政为民，要求群众做到的自己首先做到，要求群众不做的自己坚决不做。要教育好自己的配偶和子女，管好身边的工作人员，自觉接受党组织和群众的监督，用良好的道德形象取信于民，带动广大群众进一步做好工作。

39.推进公民道德建设，需要社会各方面的共同努力。各级宣传、教育、文化、科技、组织人事、纪检监察等党政部门，工会、共青团、妇联等群众团体以及社会各界，都应当在党委的统一领导下，各尽其责，相互配合，把道德建设与业务工作紧密结合起来，纳入目标管理责任制，制定规划，完善措施，扎实推进。要充分发挥各民主党派和工商联在公民道德建设中的作用。

40.各级文明委和党委宣传部，在公民道德建设中担负着指导、协调、组织的具体职责。要深入实际，调查研究，了解新情况，分析新问题，及时发现、总结和推广群众创造的新鲜经验，探索道德建设规律，改进方式方法，指导面上工作。要在一定时期内，集中力量抓好若干社会影响大、示范作用强、受群众欢迎的实事，促进一些难点问题的解决。

国务院关于印发
国家教育事业发展“十三五”规划的通知

（国发〔2017〕4 号）

各省、自治区、直辖市人民政府，国务院各部委、各直属机构：

现将《国家教育事业发展“十三五”规划》印发给你们，请认真贯彻执行。

国务院

2017 年 1 月 10 日

国家教育事业发展“十三五”规划(节选)

“十三五”时期是全面建成小康社会决胜阶段。为加快推进教育现代化，依据《中华人民共和国国民经济和社会发展第十三个五年规划纲要》和《国家中长期教育改革和发展规划纲要(2010～2020年)》(以下简称《教育规划纲要》)，制定本规划。

一、以新理念引领教育现代化

(一)发展环境

“十二五”时期特别是党的十八大以来，按照党中央、国务院决策部署，我国教育改革发展取得了显著成就，社会主义核心价值观教育深入推进，立德树人根本任务有效落实，学生思想道德素质持续向好，教育现代化取得新进展，为促进经济发展、社会和谐、文化繁荣作出重要贡献。

教育总体发展水平进入世界中上行列。九年义务教育全面普及，进入均衡发展新阶段，学前三年毛入园率提前实现《教育规划纲要》2020年目标，高中阶段教育基本普及，基本公共教育服务体系和现代职业教育体系基本确立，高等教育大众化水平显著提升，继续教育持续发展，全民终身学习的态势初步形成。教育质量稳步提升，我国学生在经济合作与发展组织开展的国际学生评估项目中表现良好，我国成为国际工程联盟本科教育互认协议成员，一批高校和学科世界排名显著提升。

教育公平取得重要进展。城乡和区域教育发展差距进一步缩小，大中城市义务教育阶段“择校热”有所缓解，国家助学制度更加完善，农村义务教育学生营养改善计划深入实施，贫困地区学生的体质健康得到改善，进城务工人员随迁子女、农村留守儿童、残疾学生受教育权利得到更好保障，中西部地区特别是农村学生接受优质高等教育的机会明显增加。

服务经济社会发展能力显著增强。职业学校每年输送近1000万名技术技能人才，开展培训上亿人次。普通本科高校累计输送2000多万名专业人才。高等学校牵头承担了一大批国家重大科学研究任务和重大工程项目，产出了一大批服务国家战略、具有国际影响力的标志性研究成果，技术转移和成果转化成效明显。

教育发展能力显著提升。教育投入实现历史性突破,2012 年首次实现国家财政性教育经费占国内生产总值 4%的目标,生均拨款制度逐步建立,各级各类学校特别是农村学校办学条件有较大改善,教师队伍素质进一步提高,教育信息化全面推进。教育对外开放水平显著提升,国际影响力稳步增强。教育体制改革取得重要进展,人才培养体制、办学体制、管理体制、评价体制、保障体制改革全面深化,一些重点领域和环节取得突破性进展。考试招生制度改革全面启动,现代教育督导体系进一步完善。

总体来看,《教育规划纲要》确定的阶段性目标如期实现,教育事业发展"十二五"规划圆满收官,我国教育进入提高质量、优化结构、促进公平的新阶段。

…………

人才成就未来,教育成就梦想。人才和人力是国家最大的资源,今天培养的人才将是实现第二个百年奋斗目标的主力军,教育必须承担起实现中华民族伟大复兴中国梦赋予的历史使命,毫不动摇地坚持中国特色社会主义教育发展道路,不断深化对中国特色社会主义教育发展规律的认识,树立科学的教育发展观、质量观、人才观,以更加奋发有为的精神状态和踏石留印、抓铁有痕的工作作风,勇于实践,善于创新,不断实现改革新突破,迈上发展新台阶。

(二)指导思想

全面贯彻党的十八大和十八届三中、四中、五中、六中全会精神,以马克思列宁主义、毛泽东思想、邓小平理论、"三个代表"重要思想、科学发展观为指导,深入贯彻习近平总书记系列重要讲话精神,认真落实党中央、国务院决策部署,紧紧围绕"五位一体"总体布局和"四个全面"战略布局,树立道路自信、理论自信、制度自信、文化自信,以创新、协调、绿色、开放、共享的发展理念统领教育改革发展,坚持党的领导,坚持社会主义办学方向,全面贯彻党的教育方针,全面深化教育改革,着力提高教育质量,着力优化教育结构,着力促进教育公平,加快推进教育现代化,推动创新型国家和人才强国建设,为全面建成小康社会和实现中华民族伟大复兴的中国梦作出更大贡献。

(三)基本原则

推进教育改革发展,实现更高质量、更加公平、更有效率、更可持续的发展,完成国家赋予的历史使命和战略任务,必须遵循以下基本原则:

坚持优先发展。人是国家发展的核心要素。要坚持把教育摆在优先发展的战略地位,充分发挥教育的基础性、先导性、全局性作用,更加注重教育和人力资源开发,加大投资于人的力度,面向现代化,面向世界,面向未来,超前规划,优先发展,加速人力资本积累,为国家和民族的未来奠基。

坚持立德树人。把立德树人作为教育的根本任务,培养德智体美全面发展的社会主义建设者和接班人。要遵循教书育人规律、遵循学生成长规律,以学生为主体,以教师为主导,创新育人模式,培育和践行社会主义核心价值观,不断提高学生思想水平、政治觉悟、道德品质、文化素养,让学生成为德才兼备、全面发展的人才。

坚持服务导向。服务国家发展和人民群众是对教育改革发展的基本要求。教育发展要适应中国特色社会主义现代化建设需要,服务全面建成小康社会和中华民族伟大复兴目标,主动适应和引领经济发展新常态,为国家现代化建设厚植人才优势,培育创新动力。要不断满足广大人民群众对更高质量、更为多样教育的需求,优先解决人民群众关心的重点、热点、难点和焦点问题。

坚持促进公平。教育的公平性是社会主义本质要求,要发展社会主义,逐步实现人民共同富裕,教育公平是基础。注重有教无类,让全体人民、每个家庭的孩子都有机会接受比较好的教育,让教育改革发展成果更好地惠及最广大人民群众。突出精准扶贫,面向中西部地区特别是边远、贫困地区,加大对家庭经济困难学生帮扶力度。

坚持改革创新。改革创新是发展的根本动力。要不断深化教育综合改革,将顶层设计和实践探索有机结合,充分调动基层特别是广大学校、师生的积极性、主动性和创造性,创新体制机制和人才培养模式;要统筹利用国内国际教育资源,广泛借鉴吸收国际先进经验,进一步提升教育对外开放水平,通过改革创新和对外开放解决难题、激发活力、推动发展。

坚持依法治教。法治是实现教育现代化的可靠保障。要坚持依法行政、依法办学、依法执教,更加注重运用法治思维和法治方式推动教育改革发展,更加注重教育法律法规体系和执法体制机制建设,更加注重保障广大人民群众受教育权利和广大师生权益,更加注重保障人民群众对教育改革发展的知情权、参与权和监督权,依法推进教育治理能力现代化,为教育发展创造良好的法治环境。

坚持党的领导。办好中国特色社会主义教育事业关键在党,必须牢牢掌握党对教育工作的领导权,坚持正确的政治方向,掌握教育领域意识形态工作的主导权,着力加强教育系统党的思想建设、组织建设、作风建设、反腐倡廉建设、制度建设,增强政治意识、大局意识、核心意识、看齐意识,强化基层党组织的创造力、凝聚力、战斗力,为教育改革发展提供坚强的政治保证和组织保障。

…………

二、全面落实立德树人根本任务

(一)提升学生思想道德水平

把思想政治工作贯穿教育教学全过程。加强系统谋划和顶层设计,以社会主义核心价值观为引领,科学制定不同年龄阶段和各级各类教育的德育工作目标,实现全员育人、全过程育人、全方位育人。充分发挥品德课、思想政治理论课主渠道作用,深入挖掘课程教材的育人作用,系统推进课程改革和教材修订,推动中国特色社会主义理论体系进教材、进课堂、进头脑,使大中小学德育和思想政治教育由浅入深、分层递进、有机衔接。积极开展少先队和党团组织教育活动。广泛运用情境教学、现场教学、社会实践等方式,关注学生情感体验过程,引导和组织学生通过各种社会实践活动践行社会主义核心价值观,开展自我教育。加强网络环境下的德育工作,强化网络阵地建设,采取多种方式引导学生全面理解、正确对待重大理论和社会热点问题,增强是非辨别能力。充分发挥教师对学生的言传身教、行为引导作用,邀请党政领导干部到学校作形势报告,广泛聘请各行各业先进典型、优秀家长和老干部、老战士、老专家、老教师、老模范等到学校作专题报告,担任思想政治教育兼职教师,强化示范引领效应,使社会主义核心价值观内化于心、外化于行。

着力加强爱国主义教育。坚持爱国和爱党、爱社会主义相统一,创新形式,丰富载体,把爱国主义教育有机融入教育教学各环节,贯穿国民教育全过程。加强爱国主义教育基地建设,开辟爱国主义教育校外课堂,推动各级各类学校积极创造条件,开设以爱国主义为主题内容的选修课和专题讲座,发挥主题党日、团日、班会等载体作用,结合重要纪念日和传统节日开展爱国主义教育,加强国情教育、历史教育特别是党史、国史、改革开放史、社会主义发展史教育,大力推进对国旗、国歌、国徽的礼仪教育。广泛开展民族团结进步教育,强化"五个认同"和"三个离不开"思想,促进各族学生交往交流交融,筑牢各族师生中华民族共同体思想基础,引导青少年学生树立和坚持正确的国家观、民族观、宗教观、历史观、文化观,增强中华民族归属感、认同感、尊严感、荣誉感。

努力增强学生社会责任感。协同加强青少年社会公德、职业道德、家庭美德教育,努力培养学生高尚品格和担当精神。引导学生以国家富强、人民幸福为己任,树立自觉投身于中国特色社会主义伟大实践的宏伟志向。

积极开展法治教育。落实《青少年法治教育大纲》,把法治教育纳入国民教育体系,在中小学设立法治知识课程。加强法治教育实践基地建设,加强宪法教育,多种形式普及法律知识,开展法治实践教育,培养学生的法治意识和素养。

专栏3　落实立德树人根本任务

全面构建"全员育人、全过程育人、全方位育人"体系。深化课程教学改革。加强学校实践教育条件和校外实习实践基地建设。建立健全国家机关、企事业单位和社会团体接收大学生实习实训制度。完善课程、教材、教学方式和评价方法。开发多媒体课程、电子书和动画等德育资源，通过校园网站和互联网平台广为传播。提升青少年身心健康水平和学校美育工作水平。开展文明校园创建活动，实施学生志愿服务行动。加强马克思主义理论学科建设，推动马克思主义理论研究和建设工程重点教材编审和使用，实施马克思主义理论人才重点支持培养计划和青年马克思主义者培养工程。实施高校思想政治理论课建设体系创新计划。实施大学生思想政治教育质量提升工程。

(二)培养学生创新创业精神与能力

从中小学做起，注重激发学生学习兴趣、科学兴趣和创新意识，加强科学方法的训练，逐步培养学生逻辑思维与辩证思维的能力。研究制定中小学生科学素质标准，充分利用各类社会科技教育资源，大力开展校内外结合的科技教育活动，加强对学生科学素质、信息素养和创新能力的培养。鼓励高等学校和职业学校建设学生创新创业服务平台，完善创新创业教育课程体系和管理制度，引导鼓励学生积极参与创新活动和创业实践，强化毕业论文、毕业设计的创新创业导向，开展创新创业竞赛，营造创新创业校园文化。支持本科生和研究生提前进入企业开展创新活动，鼓励高校通过无偿许可的方式向学生授权使用科技成果，引导学生创新创业。鼓励各省级政府统筹区域内高校、企业、产业园区、孵化基地、风险投资基金等资源，扶持大学生创业。

(三)强化学生实践动手能力

践行知行合一，将实践教学作为深化教学改革的关键环节，丰富实践育人有效载体，广泛开展社会调查、生产劳动、志愿服务、公益活动、科技发明和勤工助学等社会实践活动，深化学生对书本知识的认识。加强劳动教育，充分发挥劳动综合育人功能。制定中小学生综合实践活动指导纲要，注重增强学生实践体验，鼓励有条件的地区开展中小学生研学旅行和各种形式的夏令营、冬令营活动。建设一批具有良好示范带动作用的研学旅游基地和目的地。构建学生志愿服务工作体系，把志愿服务纳入社会实践活动课程，组织学生开展志愿服务活动和其他社会实践主题活动，建立学生志愿服务记录档案，把志愿服务纳入学生综合素质评价内容。支持高校广泛开展大学生实践活动，引导大学生走出校门、深入基层，广泛宣传党的方针政策和中国特色社会主义理论，促进学生了解社会、认识国情、增长才干。

…………

三、改革创新驱动教育发展

(一)着力推进教育教学改革

推进基础教育课程与教学改革。加强对课程教材建设的顶层设计,修订国家基础教育课程方案和课程标准,体现学生发展核心素养要求,完善教材审查审定和使用监测制度,打造具有科学性、时代性、民族性的基础教育课程教材体系。全面开展课程实施监测和管理。支持有条件的地方推行小班化教学,鼓励普通高中实行“选课制”“走班制”,开设多样优质的选修课程。推动合作探究式学习,倡导任务驱动学习,提高学生分析解决问题的能力。支持有条件的普通高中与高等学校、科研院所开展有效合作,推进创新人才培养。继续推进中学生科技创新后备人才培养计划、全国青少年高校科学营等活动,积极试点探索大学先修课程。落实《幼儿园教育指导纲要》、《3～6 岁儿童学习与发展指南》,坚持以游戏为基本活动,培养幼儿健康体魄、良好生活与行为习惯,促进幼儿身心和谐发展。

推行产教融合的职业教育模式。坚持面向市场、服务发展、促进就业的办学方向,科学确定各层次各类型职业教育培养目标,创新技术技能人才培养模式。推行校企一体化育人,推进“订单式”培养、工学交替培养,积极推动校企联合招生、联合培养的现代学徒制。率先在大中型企业开展产教融合试点,推动行业企业与学校共建人才培养基地、技术创新基地、科技服务基地。鼓励学校、行业、企业、科研机构、社会组织等组建职业教育集团,实现教育链和产业链有机融合。建立健全对接产业发展中高端水平的职业教育教学标准体系。以增强学生核心素养、技术技能水平和可持续发展能力为重点,统筹规划课程与教材建设,对接最新行业、职业标准和岗位规范,优化专业课程结构,更新教学内容。强化课堂教学、实习、实训的融合,普及推广项目教学、案例教学、情境教学等教学模式。完善职业学校教学工作诊断与改进制度。引导行业企业深度参与专业教学、顶岗实习、岗位资格认证等方面的标准制定和教学评价。积极推行“双证书”制度,统筹相关课程考试考核与职业技能鉴定。支持在符合条件的职业学校设立职业技能鉴定所(站),完善职业学校合格毕业生取得相应职业资格证书的办法。规范职业学校办学行为,严格落实专业教学标准,防止以升学为目标组织教学。

深化本科教育教学改革。实行产学研用协同育人,探索通识教育和专业教育相结合的人才培养方式,推行模块化通识教育,促进文理交融。继续推进基础学科拔尖学生培养试验计划。推动高校针对不同层次、不同类型人才培养的特点,改进专业培养方案,构建科学的课程体系和学习支持体系。建立支持和奖励机制,激励教师面向经济社会新需求,强化课程研发、教材编写、教学成果推广,及时将最新科研成果、企业先进技术等转化为教学内容。探索建立适应弹性学习、学分制和主辅修制的教学管理制度，逐步扩大学生自主选择专业、课程和教师的权利。推行以学生为中心的启发式、合作式、参与式和研讨式学习方式，加强个性化培养。改进教学评价机制和学生考核机制。全面落实教授给本科生上课制度，建立约束激励机制，调动教师投入本科教学、不断探索教学新技术新方法新形态的积极性。推动高校统筹使用相关经费，加大对课程建设、教学改革的常态化投入，强化实验、实训、实习环节，建立高校与企业、行业、科研机构、社区等合作育人机制，全面提升高等学校教学水平。

推动研究生培养机制改革。扩大高校学术团队招收研究生的自主权，适度提高应届优秀本科毕业生直接攻读博士学位的比例，加强重大基础研究、重大科研攻关方向、重大工程领域、重大社会问题研究的博士研究生培养，紧密结合承担国家和区域重大科研任务，强化博士生原始创新能力，加快培养科技创新前沿的领军人才。支持在职人员以非全日制方式攻读专业硕士学位，鼓励跨学科攻读专业硕士学位。加强联合培养基地建设，探索专业学位研究生开放式培养模式，推行“双导师”等行业企业联合培养机制，结合承担行业企业实际科研生产项目，加快培养能够解决一线实际问题、宽口径的高层次复合型人才。健全以科学与工程技术研究为主导的导师责任制和导师项目资助制。推动高校加强研究生课程建设，强化研究生课程的系统性和前沿性，加强不同培养阶段课程的衔接，提升研究生课程教学质量。

…………

四、协调推进教育结构调整

…………

（三）加快发展现代职业教育

完善职业学校布局结构。强化地市级人民政府对中等职业教育的统筹规划，根据城镇化和产业布局调整完善职业学校布局，根据产业发展对技术技能人才的需求优化职业教育体系结构。鼓励产业经济发达地区做好县域内中等职业学校布局规划。新增高等职业学校主要向中小城市、产业集聚区布局。在人口集中和产业发展需要的贫困地区建好一批中等职业学校，重点支持贫困地区建设好符合当地经济社会发展需要的中等职业学校。根据各主体功能区的定位，推动区域内职业学校科学定位，使每一所职业学校集中力量办好当地经济社会发展需要的特色优势专业（集群）。着力建设一批服务现代产业发展和扶贫开发等重点工作领域的高水平职业学校，形成国家重点行业都有骨干职业学校支撑的技术技能人才培养格局，服务产业结构调整优化。

提升职业学校基础能力。分类制定职业学校办学标准，实施现代职业教育质量提升计划等项目,提升职业学校办学条件特别是实习实训条件和"双师型"教师队伍建设水平。鼓励社会力量参与举办职业教育。按照鼓励竞争、扶优扶强的原则,通过与行业企业合作,集中力量建设一批高水平职业学校。支持东中西部地区职业学校加强对口合作,通过联合办学、委托管理、集团化办学等形式,提升专业建设、课程开发、学校管理水平。

专栏7 高水平职业学校建设

围绕深化产教融合、校企合作、工学结合主线,支持100所左右高等职业学校和1000所左右中等职业学校建设,改善基本办学和实习实训条件,强化国家重点领域产业和区域支柱产业相关专业建设,重点提升学校服务学历教育、社区教育、职工教育培训等能力,建成一批人才培养、科技创新、专业建设与产业融合发展的高水平职业学校。

强化大国工匠后备人才培养。着力提升职业学校人才培养质量,加强职业精神培育,推进产业文化、优秀企业文化、职业文化进校园进课堂,促进职业技能和职业精神高度融合,着力培养崇尚劳动、敬业守信、精益求精、敢于创新的工匠精神。推动职业学校与行业企业共建技术工艺和产品研发中心、实验实训平台、技能大师工作室等,完善职业学校学生技能竞赛制度,统筹职业学校教学体系和竞赛体系,建立健全大国工匠优秀后备人才早期发现、选拔和培养制度。打通职业教育人才培养通道,让职业学校学生的技术技能可以通过不断深造得到发展。

(四)调整高等教育结构

推进高等教育分类发展、合理布局。推动地方开展高等学校分类管理改革试点,以人才培养定位为基础建立高等教育分类体系,研究制定高校分类设置、分类指导、分类拨款、分类评估等制度,努力形成高等学校科学定位、特色发展的局面。改进高等院校设置和招生计划管理办法,探索建立高校办学条件预警机制和退出机制,引导地方着力办好现有高校,强化省级人民政府对高等教育的统筹规划,新增高等教育资源向新的城镇化地区、产业集聚区、边境城市延伸。优先发展应用技术类型高校、小规模有特色学院。加快建成一批为地方经济和社会发展服务的高水平应用型高等学校和高等职业学校。根据高等学校设置制度规定,将符合条件的技师学院纳入高等学校序列。

推动具备条件的普通本科高校向应用型转变。推动各地开展转型发展试点,加强对改革试点的统筹指导,加快推进配套制度改革,总结推广试点典型经验。充分发挥试点高校改革创新的主动性、积极性和示范引领作用,引导高校从治理结构、专业体系、课程内容、教学方式、师资结构等方面进行全方位、系统性的改革,把办学思路真正转到服务地方经济社会发展上来,把办学定位转到培养应用型和技术技能型人才上来,转到增强学生就业创业能力上来,把办学模式转到产教融合、校企合作上来，到“十三五”末，建成一批直接为区域发展和产业振兴服务的中国特色高水平应用型高校，形成科学合理的高等教育结构。

专栏8　应用型本科高校建设
支持一批地方应用型本科高校建设，重点加强实验实训实习环境、平台和基地建设，鼓励吸引行业企业参与，建设产教融合、校企合作、产学研一体的实验实训实习设施，推动技术技能人才培养和应用技术创新。

提高应用型、技术技能型和复合型人才培养比重。新增高等教育招生计划主要向应用型、技术技能型人才培养倾斜。稳步扩大研究生培养规模。扩大专业学位硕士研究生培养比例，积极稳妥推进博士专业学位研究生培养，新增计划主要用于紧缺人才培养。加快发展新兴学科、交叉学科。推进军民融合，改革完善依托国民教育培养军事人才的政策制度，做好普通高校国防生培养工作，扩大高等学校与军队合作培养军地两用人才规模。

…………

五、协同营造良好育人生态

（一）优化校园育人环境

加强校园文化建设。加强和改进学校管理和课堂教学管理，严格课堂纪律、考试纪律、生活纪律，树立良好校风校纪。广泛开展文明校园创建，开展形式多样、健康向上、格调高雅的校园文化活动，推进“一校一品”校园文化建设，引导各级各类学校建设特色校园文化。加强校园网络内容建设，打造若干具有广泛影响的核心价值观主题教育网站和网络互动社区。整合利用资源，探索学校和社会文化基础设施共建共享。继续推进乡村学校少年宫建设。

创建平安校园。开展教育系统稳定风险评估和监测。加强教育系统防灾减灾能力建设。加快学校危旧房改造，消除校舍安全隐患。巩固高等学校后勤改革成果，健全各级各类学校后勤保障机制。完善学校重大突发事件快速反应机制，健全学校安全管理制度，推进学校公共安全视频监控建设及联网应用工作，加强人防、物防、技防设施建设，确保学校食品、人身、设施和活动安全。构建预防和惩治“校园欺凌”的有效机制，防范校园恶性安全事件。探索建立学生意外伤害援助制度，完善事故处理和涉校涉生矛盾纠纷仲裁、调解机制，依法维护学校正常教育教学秩序和师生合法权益。

（二）改善社会育人环境

建立政府、学校、社会、家庭全面参与的协同育人工作机制。落实政府主导责任，坚持正确的舆论导向，壮大主流思想舆论，创新和改进网上宣传，把握网络传播规律,充分利用微博、微信等新媒体、新手段,为青少年提供内容健康向上、具有艺术魅力的精神产品,弘扬主旋律,激发正能量,加强教育公益宣传,引导社会树立正确的教育观、人才观,营造良好舆论环境。开展青年网络文明志愿行动,参与监督和遏制网上违法和不良信息传播,营造清朗网络空间。开展校园及周边文化环境综合治理行动,严禁经营性网吧向未成年人提供服务。促进企事业单位和社区履行教育责任,充分利用各类教育资源,积极参与举办职业教育与培训及育人活动,主动为学生实习、实训和社会实践提供条件和便利。认真执行就业准入制度,促进企业提高技术技能人才收入水平。明确家庭教育责任,强化家长教育,普及家庭教育常识,引导父母做好学生的第一任老师,促进青少年人格养成、心理健康成长。

优化语言文字环境。实施国家通用语言文字普及攻坚工程。强化对社会用语用字的监督检查和教育引导。基本普及国家通用语言文字,各级各类学校国家通用语言文字普及率达到95%,语言文字使用规范化程度全部达标。推进中国语言资源保护工程和语言文字规范标准建设。加强语言文字信息化关键技术研究与应用。推进国家手语和盲文规范化建设,加快规范和推广国家通用手语和盲文。加大中华经典资源库建设工作力度。广泛开展中华经典诵读、规范汉字书写等系列活动。继续办好弘扬传播中华优秀语言文化的品牌节目,打造中国语言文化传播品牌。

(三)构建教育诚信环境

着力加强诚信教育,把诚信教育纳入人才培养各环节,引导学生养成诚实守信的道德品质。完善诚信考试管理体系,充实国家教育考试诚信档案数据库,将有关信用记录纳入全国信用信息共享平台,加大对考试违纪、论文抄袭、学历学位造假等失信违约行为的监督和处罚力度。建立健全定向培养学生履约情况记录与违约惩戒机制。

(四)建立科学评价体系

充分发挥教育评价对科学育人的导向作用,把促进人的全面发展、适应经济社会发展作为评价教育质量的根本标准。全面改进各级各类教育评价体系,注重考查学生适应社会发展和终身发展的能力,防止单纯以升学率考核学校和教师、单纯以分数评价学生。探索实行利益攸关方共同参与的开放式评价,完善评价结果公开机制。

推进基础教育质量综合评价改革。面向未来,明确各学段学生发展核心素养,实施基于核心素养的教学评价,促进学生全面发展和可持续发展。构建教育质量综合评价指标体系,把学生的品德、学业、身心发展水平和兴趣特长养成等作为评价学校教育质量的主要内容。建立学业负担监测机制,切实减轻中小学生过重课业负担。

构建科学的职业教育评价制度。将学习者职业道德、技术技能水平和就业创业能力作为评价的主要内容,强化实习实训环节的评价。支持行业组织开展职业学校人才培养质量评估,完善学校、行业、企业、研究机构和其他社会组织共同参与的职业教育质量评价机制。完善职业教育质量年度报告制度。鼓励企业、用人单位开展毕业生就业质量、满意度等评价。提升人才培养和行业需求的吻合度。

改进高校人才培养质量评价。按照培养有理想、有追求、有担当、有作为、有品质、有修养大学生的目标要求,实施教学质量国家标准,规范专业领域人才培养基本要求,鼓励行业部门(协会)制定人才评价标准,推动高校制定各专业人才培养标准和评价办法。坚持思想道德修养和文化知识学习、创新思维和实践能力、全面发展和个性发展紧密结合,坚持高校学生学习过程性和结果性评价相结合,严格课程考核标准和管理,探索基于真实任务的评价方法,注重考核学生运用知识系统分析问题和解决问题的能力。

…………

七、全面提升教育发展共享水平

…………

九、加快推进教育治理现代化

(一)推进政府职能转变

深化教育行政审批制度改革。建立教育行政权力清单和责任清单制度,全面公开教育及相关政府部门职能、法律依据、实施主体、职责权限、管理流程、监督方式等事项。减少教育行政审批事项,对保留的教育行政审批要简化程序,加强信息公开,方便基层和群众办事。强化事中事后监管。严格控制对各级各类学校的项目评审、教育评估、人才评价和检查事项,强化服务功能。

优化政府服务。努力为学校提供必要的专业性指导和服务,重点加强教学指导、教师培训、基建保障、校园安全纠纷调处、就业信息、质量监测评估诊断、教育涉外机构信息、教育教学基本资源等方面服务,积极探索为学校、教师、学生服务的新途径、新方式。

健全民主决策机制。把公众参与、专家论证、风险评估、合法性审查、集体讨论决定作为重大教育决策法定程序。充分发挥国家教育咨询委员会作用。多形式多渠道听取公众和社会各界对重大教育决策的意见建议。建立科研咨询支撑行政决策的机制,加强教育智库建设,提升教育科研水平,强化教育政策储备研究。

（二）构建有效监管体系

加强教育标准工作。完善教育标准研制、审定、复审机制。加快完善国家教育标准体系，完善各级各类学校教育质量标准，健全各级各类学校建设、教育装备、教师队伍建设、教育投入、教育信息化、教育督导、学校运行、语言文字等标准。推进教育标准实施和监督。

完善教育质量监测制度。健全国家教育质量评估监测机构，继续实施国家义务教育质量监测。探索建立学前教育、特殊教育质量监测评价体系。鼓励行业企业根据职业技能标准开展职业教育质量监测，分行业定期对职业教育质量进行监测评估，建立健全职业教育质量保障体系。逐步扩大工程、医学等高等教育认证范围。分类开展普通高等学校教育教学评估工作。完善研究生教育质量评估，继续做好博士、硕士学位论文抽检，完善学位点淘汰退出机制，严肃处理论文造假行为。探索学校根据标准自定规则程序、政府监管落实情况的机制。建立基于大数据分析的质量监测机制。强化监管结果运用，建立公开承诺、权责一体、违者退出的机制。

进一步完善教育督导制度。完善督政、督学、评估监测制度体系。依法健全教育督导机构，完善督学资格准入、持证履职、聘任考核、聘期管理等制度，强化教育督导队伍建设。加强学校督导员队伍建设，建立地方政府履行教育职责督导制度，完善教育重大政策专项督导制度。完善教育督导报告发布制度，加大教育督导公开和问责力度。进一步健全督导制度，充分发挥督导促进教育改革发展的作用。

强化社会监督评价。加大信息公开力度，建立健全信息公开评议制度，推动各级教育行政部门依法、及时、全面、准确地向社会公开各项政策和重要事项，依法接受各级人大和政协监督。完善学校各类信息公开制度，保障教职工、学生、社会公众对学校重大事项和重要制度的知情权，接受社会特别是利益攸关方的监督。高校本科教学评估报告、专业评估报告、教学质量年度报告、就业质量年度报告、教学质量常态监测数据、学业质量监测结果向社会公开。充分利用全媒体拓宽信息公开的途径和范围，更充分地保证人民群众教育知情权和监督权，发挥舆论监督包括互联网监督作用，运用网络了解民意、感知社会态势、畅通沟通渠道、辅助科学决策。加强对第三方教育质量评估的监督指导，培育专业教育评价机构。鼓励行业企业、专业机构和社会组织规范开展教育评价和决策咨询，大力培育专业服务机构，委托专业机构和社会组织开展评价。

健全教育管理监测体系。加强和改进教育统计，完善教育数据信息国家服务平台，建立学生基础数据库和终身电子学籍档案等各类教育基础数据库，破除信息壁垒，构建全国教育信息资源共享体系。完善教育现代化进程监测体系和教育科学决策服务系统建设。推动各级教育行政部门和学校开展深度数据挖掘和分析，运用互联网、大数据提升教育治理水平，更好地服务公众和政府决策。

（三）全面推进依法治教

完善教育法律法规体系。推动修订职业教育法、残疾人教育条例，加快修订教师法、学位条例，推进学前教育法、终身学习法、学校安全条例、国家教育考试条例的研究起草工作，加快制修订教育规章。

全面推进依法行政。加大教育行政执法力度，遵循法定职权与程序，运用行政指导、行政处罚、行政强制等手段，依法纠正学校和教育机构的违法违规行为，保障教育法律和政策有效实施。及时查处违反教育法律法规、侵害受教育者权益、扰乱教育秩序等行为，依法维护学校、学生、教师和举办者的权益。建立教育重大决策合法性审查机制、重大决策终身责任追究制度及责任倒查机制。

大力推进依法治校。推动学校建立章程配套制度及落实机制，健全各种办事程序、内部机构组织规则、议事规则。健全符合法治原则的教育救济制度。建立健全学校法律顾问制度。强化学校依法办学意识，健全依法治校评价指标体系，深入开展依法治校示范学校创建活动。开展学校领导干部、职能部门工作人员依法治校能力培训，全面提高教师依法执教的意识与能力。

（四）完善教育投入机制

优先保障教育投入。坚持把教育作为各级人民政府财政支出重点领域给予优先保障，保证国家财政性教育经费支出占国内生产总值的比例一般不低于4％。更加注重通过加强政策设计、制度设计、标准设计带动投入，健全保证财政教育投入持续稳定增长的长效机制，确保财政一般公共预算教育支出逐年只增不减，确保按在校学生人数平均的一般公共预算教育支出逐年只增不减。到2020年，各省要制定和落实区域内各级教育生均财政拨款基本标准。健全教育经费统计体系，推动地方建立教育经费统计监测公告制度。

完善教育经费投入机制。根据各类教育事业的不同特点和发展改革实际需要以及财力可能，进一步完善各类教育预算拨款制度和投入机制，合理确定并适时提高相关拨款标准和投入水平。义务教育全面纳入公共财政保障范围，建立城乡统一、重在农村的义务教育经费保障机制。非义务教育实行以政府投入为主、受教育者合理分担、其他多种渠道筹措经费的投入机制。改革完善高校预算拨款制度，优化项目支出与基本支出结构，支持高校内涵发展、提高质量。规范中央对地方的教育转移支付，着力加强重点地区、关键领域和薄弱环节。落实对个人和企业捐赠教育的税收优惠政策，鼓励社会资本加大教育投入力度。

完善非义务教育阶段成本分担机制。建立公办学校学费标准根据培养成本、经济发展状况和群众承受能力，按照规定程序动态调整的机制。非营利性民办学校收费，通过市场化改革试点，逐步实现市场调节价，具体政策由省级人民政府根据办学成本以及本地公办教育保障程度、民办学校发展情况等因素确定。营利性民办学校收费实行市场调节价，具体收费标准由民办学校自主确定。政府依法加强对民办学校收费行为的监管。

加强经费使用管理和国有资产管理。科学编制教育中期财政规划和年度预算，加强项目库管理，硬化预算约束，健全预算绩效管理机制，加强绩效评价结果应用，确保教育经费发挥最大效益。加强教育经费监管，推行高等学校总会计师制度，提升经费管理专业化水平。加快实施学校内部控制制度，加强内部审计，强化审计结果运用。加大学校财务信息公开力度，主动接受社会监督。加强国有资产管理，盘活各类资产存量，规范资产处置行为，提高资产使用效率。

…………

十一、组织实施

（一）落实责任分工

建立规划实施责任制。对改革和发展的重点任务，制定时间表、路线图、任务书。强化与年度计划和各级教育规划的有效衔接，科学制定政策和配置公共资源，精心组织实施重大工程项目，将规划提出的目标、任务、政策、举措落到实处。

（二）协同实施规划

加强相关部门间的协调配合，建立各有关部门共同研究解决教育发展问题的机制。加大省级政府统筹权，推动地方各级党委政府加强对教育规划实施的统筹领导，做好发展战略、主要目标、重点任务、重大工程项目与本规划的衔接，科学制定符合本地实际的发展目标和具体政策措施，将本规划总体部署落实到本地规划和政策中。鼓励社会广泛参与规划实施。引导社会各界和广大人民群众采取多种形式和办法，支持学校建设，参与学校管理，积极为教育发展贡献力量。充分发挥群团组织、社会组织在促进青少年健康成长等方面的积极作用。加强与新闻媒体合作，及时全面向社会传递教育改革发展的信息，引导形成社会各界和广大人民群众共同关心、支持和参与教育发展与改革的局面。

（三）鼓励探索创新

推动基层创新实施规划。完善试点改革制度，推动综合改革和专项改革相结合，加快重点领域和关键环节改革步伐。加强分类指导，建立激励机制，保护和激发基层首创精神，鼓励各地大胆实践、积极探索、创造经验。深入挖掘教育综合改革宝贵经验特别是基层创新经验，不断探索实施规划的有效机制。

（四）加强督促检查

加强督查监测。将规划实施情况作为督促检查各级教育行政部门和学校工作的重要内容。建立规划实施监测评估机制，组织对规划实施情况开展跟踪监测和中期评估，及时发现问题，优化实施策略，出台针对性政策，调整规划目标、任务与政策措施。

加强社会监督。推动各级教育行政部门定期发布教育改革发展动态和规划实施情况，及时向社会公布规划实施进展状况，主动接受家长、社会、媒体的监督，将社会各界对规划的意见和建议作为规划调整的重要依据，确保规划总体目标任务如期完成。

关于分类推进人才评价机制改革的指导意见

（2018年2月）

新华社北京2月26日电:近日,中共中央办公厅、国务院办公厅印发了《关于分类推进人才评价机制改革的指导意见》,并发出通知,要求各地区各部门结合实际认真贯彻落实。

人才评价是人才发展体制机制的重要组成部分,是人才资源开发管理和使用的前提。建立科学的人才分类评价机制,对于树立正确用人导向、激励引导人才职业发展、调动人才创新创业积极性、加快建设人才强国具有重要作用。当前,我国人才评价机制仍存在分类评价不足、评价标准单一、评价手段趋同、评价社会化程度不高、用人主体自主权落实不够等突出问题,亟须通过深化改革加以解决。为深入贯彻落实《中共中央印发〈关于深化人才发展体制机制改革的意见〉的通知》,创新人才评价机制,发挥人才评价指挥棒作用,现就分类推进人才评价机制改革提出如下意见。

一、总体要求和基本原则

(一)总体要求。全面贯彻党的十九大精神,以习近平新时代中国特色社会主义思想为指导,认真落实党中央、国务院决策部署,按照统筹推进“五位一体”总体布局和协调推进“四个全面”战略布局要求,落实新发展理念,围绕实施人才强国战略和创新驱动发展战略,以科学分类为基础,以激发人才创新创业活力为目的,加快形成导向明确、精准科学、规范有序、竞争择优的科学化社会化市场化人才评价机制,建立与中国特色社会主义制度相适应的人才评价制度,努力形成人人渴望成才、人人努力成才、人人皆可成才、人人尽展其才的良好局面,使优秀人才脱颖而出。

(二)基本原则:

——坚持党管人才原则。充分发挥党的思想政治优势、组织优势、密切联系群众优势,进一步加强党对人才评价工作的领导,将改革完善人才评价机制作为人才工作的重要内容,在全社会大兴识才爱才敬才用才容才聚才之风,把各方面优秀人才集聚到党和人民的伟大奋斗中来。

——坚持服务发展。围绕经济社会发展和人才发展需求，充分发挥人才评价正向激励作用，推动多出人才、出好人才，最大限度激发和释放人才创新创业活力，促进人才发展与经济社会发展深度融合。

——坚持科学公正。遵循人才成长规律，突出品德、能力和业绩评价导向，分类建立体现不同职业、不同岗位、不同层次人才特点的评价机制，科学客观公正评价人才，让各类人才价值得到充分尊重和体现。

——坚持改革创新。围绕用好用活人才，着力破除思想障碍和制度藩篱，加快转变政府职能，保障落实用人主体自主权，发挥政府、市场、专业组织、用人单位等多元评价主体作用，营造有利于人才成长和发挥作用的评价制度环境。

二、分类健全人才评价标准

（三）实行分类评价。以职业属性和岗位要求为基础，健全科学的人才分类评价体系。根据不同职业、不同岗位、不同层次人才特点和职责，坚持共通性与特殊性、水平业绩与发展潜力、定性与定量评价相结合，分类建立健全涵盖品德、知识、能力、业绩和贡献等要素，科学合理、各有侧重的人才评价标准。加快新兴职业领域人才评价标准开发工作。建立评价标准动态更新调整机制。

（四）突出品德评价。坚持德才兼备，把品德作为人才评价的首要内容，加强对人才科学精神、职业道德、从业操守等评价考核，倡导诚实守信，强化社会责任，抵制心浮气躁、急功近利等不良风气，从严治理弄虚作假和学术不端行为。完善人才评价诚信体系，建立诚信守诺、失信行为记录和惩戒制度。探索建立基于道德操守和诚信情况的评价退出机制。

（五）科学设置评价标准。坚持凭能力、实绩、贡献评价人才，克服唯学历、唯资历、唯论文等倾向，注重考察各类人才的专业性、创新性和履责绩效、创新成果、实际贡献。着力解决评价标准“一刀切”问题，合理设置和使用论文、专著、影响因子等评价指标，实行差别化评价，鼓励人才在不同领域、不同岗位作出贡献、追求卓越。

三、改进和创新人才评价方式

（六）创新多元评价方式。按照社会和业内认可的要求，建立以同行评价为基础的业内评价机制，注重引入市场评价和社会评价，发挥多元评价主体作用。基础研究人才以同行学术评价为主，加强国际同行评价。应用研究和技术开发人才突出市场评价，由用户、市场和专家等相关第三方评价。哲学社会科学人才评价重在同行认可和社会效益。丰富评价手段，科学灵活采用考试、评审、考评结合、考核认定、个人述职、面试答辩、实践操作、业绩展示等不同方式，提高评价的针对性和精准性。

(七)科学设置人才评价周期。遵循不同类型人才成长发展规律,科学合理设置评价考核周期,注重过程评价和结果评价、短期评价和长期评价相结合,克服评价考核过于频繁的倾向。探索实施聘期评价制度。突出中长期目标导向,适当延长基础研究人才、青年人才等评价考核周期,鼓励持续研究和长期积累。

(八)畅通人才评价渠道。进一步打破户籍、地域、所有制、身份、人事关系等限制,依托具备条件的行业协会、专业学会、公共人才服务机构等,畅通非公有制经济组织、社会组织和新兴职业等领域人才申报评价渠道。对引进的海外高层次人才和急需紧缺人才,建立评价绿色通道。完善外籍人才、港澳台人才申报评价办法。

(九)促进人才评价和项目评审、机构评估有机衔接。按照既出成果、又出人才的要求,在各类工程项目、科技计划、机构平台等评审评估中加强人才评价,完善在重大科研、工程项目实施、急难险重工作中评价、识别人才机制。深入推进项目评审、人才评价、机构评估改革,树立正确评价导向,进一步精简整合、取消下放、优化布局评审事项,简化评审环节,改进评审方式,减轻人才负担。避免简单通过各类人才计划头衔评价人才。加强评价结果共享,避免多头、频繁、重复评价人才。

四、加快推进重点领域人才评价改革

(十)改革科技人才评价制度。围绕建设创新型国家和世界科技强国目标,结合科技体制改革,建立健全以科研诚信为基础,以创新能力、质量、贡献、绩效为导向的科技人才评价体系。对主要从事基础研究的人才,着重评价其提出和解决重大科学问题的原创能力、成果的科学价值、学术水平和影响等。对主要从事应用研究和技术开发的人才,着重评价其技术创新与集成能力、取得的自主知识产权和重大技术突破、成果转化、对产业发展的实际贡献等。对从事社会公益研究、科技管理服务和实验技术的人才,重在评价考核工作绩效,引导其提高服务水平和技术支持能力。

实行代表性成果评价,突出评价研究成果质量、原创价值和对经济社会发展实际贡献。改变片面将论文、专利、项目、经费数量等与科技人才评价直接挂钩的做法,建立并实施有利于科技人才潜心研究和创新的评价制度。

注重个人评价与团队评价相结合。适应科技协同创新和跨学科、跨领域发展等特点,进一步完善科技创新团队评价办法,实行以合作解决重大科技问题为重点的整体性评价。对创新团队负责人以把握研究发展方向、学术造诣水平、组织协调和团队建设等为评价重点。尊重认可团队所有参与者的实际贡献,杜绝无实质贡献的虚假挂名。

（十一）科学评价哲学社会科学和文化艺术人才。坚持马克思主义指导地位、为人民做学问的研究立场、以人民为中心的创作导向，注重政治标准和学术标准、继承性和民族性、原创性和时代性、系统性和专业性相统一，建立健全中国特色的哲学社会科学和文化艺术人才评价体系，推进中国特色哲学社会科学学科体系、学术体系、话语体系建设，推出更多无愧于民族、无愧于时代的文艺精品。

根据人文科学、社会科学、文化艺术等不同学科领域，理论研究、应用对策研究、艺术表演创作等不同类型，对其人才实行分类评价。对主要从事理论研究的人才，重点评价其在推动理论创新、传承文明、学科建设等方面的能力贡献。对主要从事应用对策研究的人才，重点评价其围绕统筹推进“五位一体”总体布局和协调推进“四个全面”战略布局，为党和政府决策提供服务支撑的能力业绩。对主要从事艺术表演创作的人才，重点评价其在艺术表演、作品创作、满足人民精神文化需求等方面的能力业绩。突出成果的研究质量、内容创新和社会效益，推行理论文章、决策咨询研究报告、建言献策成果、优秀网络文章、艺术创作作品等与论文、专著等效评价。

（十二）健全教育人才评价体系。坚持立德树人，把教书育人作为教育人才评价的核心内容。深化高校教师评价制度改革，坚持社会主义办学方向，坚持思想政治素质和业务能力双重考察、全面考核和突出重点相结合，注重对师德师风、教育教学、科学研究、社会服务、专业发展的综合评价。坚持分类指导和分层次评价相结合，根据不同类型高校、不同岗位教师的职责特点，分类分层次分学科设置评价内容和评价方式。突出教育教学业绩评价，将人才培养中心任务落到实处，要求所有教师都必须承担教育教学工作，建立健全教学工作量评价标准，落实教授为本专科生授课制度，加强教学质量和课堂教学纪律考核。

适应现代职业教育发展需要，按照兼备专业理论知识和技能操作实践能力的要求，完善职业院校（含技工院校）“双师型”教师评价标准，吸纳行业、企业作为评价参与主体，重点评价其职业素养、专业教学能力和生产一线实践经验。

适应中小学素质教育和课程改革新要求，建立充分体现中小学教师岗位特点的评价标准，重点评价其教育教学方法、教书育人工作业绩和一线实践经历。严禁简单用学生升学率和考试成绩评价中小学教师。

（十三）改进医疗卫生人才评价制度。强化医疗卫生人才临床实践能力评价，完善涵盖医德医风、临床实践、科研带教、公共卫生服务等要素的评价指标体系，合理确定不同医疗卫生机构、不同专业岗位人才评价重点。对主要从事临床工作的人才，重点考察其临床医疗医技水平、实践操作能力和工作业绩，引入临床病历、诊治方案等作为评价依据。对主要从事科研工作的人才,重点考察其创新能力业绩,突出创新成果的转化应用能力。对主要从事疾病预防控制等的公共卫生人才,重点考察其流行病学调查、传染病疫情和突发公共卫生事件处置、疾病及危害因素监测与评价等能力。

建立符合全科医生岗位特点的评价机制,考核其掌握全科医学基本理论知识、常见病多发病诊疗、预防保健和提供基本公共卫生服务的能力,将签约居民数量、接诊量、服务质量、群众满意度作为重要评价因素。

按照强基层、保基本及分级诊疗要求,建立更加注重临床水平、服务质量、工作业绩的基层医疗卫生人才评价机制,鼓励医疗卫生人才服务基层,更好满足基层人民群众健康需求。

(十四)创新技术技能人才评价制度。适应工程技术专业化、标准化程度高、通用性强等特点,分专业领域建立健全工程技术人才评价标准,着力解决评价标准过于追求学术化问题,重点评价其掌握必备专业理论知识和解决工程技术难题、技术创造发明、技术推广应用、工程项目设计、工艺流程标准开发等实际能力和业绩。探索推动工程师国际互认,提高工程教育质量和工程技术人才职业化、国际化水平。

健全以职业能力为导向、以工作业绩为重点、注重职业道德和知识水平的技能人才评价体系。加快构建国家职业标准、行业企业工种岗位要求、专项职业能力考核规范等多层次职业标准。完善职业资格评价、职业技能等级认定、专项职业能力考核等多元化评价方式,做好评价结果有机衔接。坚持职业标准和岗位要求、职业能力考核和工作业绩评价、专业评价和企业认可相结合的原则,对技术技能型人才突出实际操作能力和解决关键生产技术难题要求,对知识技能型人才突出掌握运用理论知识指导生产实践、创造性开展工作要求,对复合技能型人才突出掌握多项技能、从事多工种多岗位复杂工作要求,引导鼓励技能人才培育精益求精的工匠精神。

(十五)完善面向企业、基层一线和青年人才的评价机制。建立与产业发展需求、经济结构相适应的企业人才评价机制,突出创新创业实践能力,推动企业自主创新能力提升。对业绩贡献突出的优秀企业家、经营管理人才、高层次创新创业人才,可放宽学历、资历、年限等申报条件。健全以市场和出资人认可为重要标准的企业经营管理人才评价体系,突出对经营业绩和综合素质的考核。建立社会化的职业经理人评价制度。

创新基层人才评价激励机制。对长期在基层一线和艰苦边远地区工作的人才,加大爱岗敬业表现、实际工作业绩、工作年限等评价权重,着力拓展基层人才职业发展空间。健全以职业农民为主体的农村实用人才评价制度,完善教育培训、认定评价管理、政策扶持“三位一体”的制度体系。完善社会工作专业人才职业水平评价制度，加强社会工作者职业化管理与激励保障，提升社会治理和社会服务现代化水平。

完善青年人才评价激励措施。破除论资排辈、重显绩不重潜力等陈旧观念，重点遴选支持一批有较大发展潜力、有真才实学、堪当重任的优秀青年人才。加大各类科技、教育、人才工程项目对青年人才支持力度，鼓励设立青年专项，促进优秀青年人才脱颖而出。探索建立优秀青年人才举荐制度。

五、健全完善人才评价管理服务制度

（十六）保障和落实用人单位自主权。尊重用人单位主导作用，支持用人单位结合自身功能定位和发展方向评价人才，促进人才评价与培养、使用、激励等相衔接。合理界定和下放人才评价权限，推动具备条件的高校、科研院所、医院、文化机构、大型企业、国家实验室、新型研发机构及其他人才智力密集单位自主开展评价聘用（任）工作。防止人才评价行政化、“官本位”倾向，充分发挥学术委员会等作用。对开展自主评价的单位，人才管理部门不再进行资格审批，通过完善信用机制、第三方评估、检查抽查等方式加强事中事后监管。

（十七）健全市场化、社会化的管理服务体系。进一步明确政府、市场、用人主体在人才评价中的职能定位，建立权责清晰、管理科学、协调高效的人才评价管理体制。推动人才管理部门转变职能、简政放权，强化政府人才评价宏观管理、政策法规制定、公共服务、监督保障等职能，减少审批事项和微观管理。发挥市场、社会等多元评价主体作用，积极培育发展各类人才评价社会组织和专业机构，逐步有序承接政府转移的人才评价职能。建立人才评价机构综合评估、动态调整机制。

（十八）优化公平公正的评价环境。加强人才评价法治建设，健全完善规章制度，提高评价质量和公信力，维护人才合法权益。严格规范评价程序，建立健全申报、审核、公示、反馈、申诉、巡查、举报、回溯等制度。加强评价专家数据库建设和资源共享，建立随机、回避、轮换的专家遴选机制，优化专家来源和结构，强化业内代表性。建立评价专家责任和信誉制度，实施退出和问责机制。强化人才评价综合治理，依法清理规范各类人才评价活动和发证、收费等事项，加强考试环境治理，落实考试安全主体责任。加强人才评价文化建设，提倡开展平等包容的学术批评、学术争论，保障不同学术观点的充分讨论，营造求真务实、鼓励创新、宽容失败的评价氛围和环境。

各地区各部门要坚持党管人才原则，切实加强党委和政府对改革完善人才评价机制的统一领导，党委组织部门要牵头抓总，有关部门要各司其职、密切配

合，发挥社会力量重要作用，认真抓好组织落实。要深入调查研究，结合实际制定具体实施方案，加强分类指导，强化督促检查，确保改革任务落地见效。军队可根据本意见，结合实际建立健全军队人才评价机制。要坚持分类推进、先行试点、稳步实施，及时研究解决改革中遇到的新情况新问题。要加强政策解读和舆论引导，积极回应社会关切，为分类推进人才评价机制改革营造良好氛围。

中共教育部党组关于认真学习贯彻全国教育大会精神的通知

（教党〔2018〕50号）

各省、自治区、直辖市党委教育工作部门、教育厅（教委），新疆生产建设兵团教育局，有关部门（单位）教育司（局），部属各高等学校、部省合建各高等学校党委：

2018年9月10日至11日，党中央在北京召开全国教育大会，深入分析研究教育工作面临的新形势新任务，对当前和今后一个时期教育改革发展作出战略部署，为新时代教育事业勾画了蓝图、指明了方向。为认真做好学习贯彻全国教育大会精神各项工作，现将有关事宜通知如下。

一、充分认识重大意义，切实把思想和行动统一到全国教育大会精神上来

教育是国之大计、党之大计，是民族振兴、社会进步的重要基石，是功在当代、利在千秋的德政工程，对提高人民综合素质、促进人的全面发展、增强中华民族创新创造活力、实现中华民族伟大复兴具有决定性意义。

党的十八大以来，在以习近平同志为核心的党中央坚强领导下，围绕培养什么人、怎样培养人、为谁培养人这一根本问题，全面加强党对教育工作的领导，坚持立德树人，加强学校思想政治工作，推进教育改革，加快补齐教育短板，教育事业中国特色更加鲜明，教育现代化加速推进，教育方面人民群众获得感明显增强，我国教育的国际影响力加快提升，总体发展水平进入世界中上行列，13亿多中国人民的思想道德素质和科学文化素质全面提升。

在中国特色社会主义进入新时代、全面建成小康社会进入决胜阶段的大背景下，党中央隆重召开新时代第一次全国教育大会，习近平总书记发表了重要讲话，从党和国家事业发展全局的战略高度，对新时代教育工作进行了全面系统深入的阐述和部署，并向全国广大教师和教育工作者致以节日的热烈祝贺和诚挚问候。这充分体现了以习近平同志为核心的党中央对教育工作的高度重视，凸显了教育在党和国家事业中的基础性、先导性、全局性地位，对动员全党全国全社会加快推进教育现代化、建设教育强国、办好人民满意的教育具有重大现实意义和深远历史影响，是我国教育史上一个新的里程碑。

各地区各部门各学校要切实提高政治站位，牢固树立“四个意识”，坚定“四个自信”，深刻理解召开全国教育大会的时代背景，充分认识召开全国教育大会

的重大意义,准确把握全国教育大会的战略要求,切实增强学习贯彻习近平总书记重要讲话精神和大会要求的责任感使命感,以时不我待、只争朝夕的精神状态和攻坚克难、拼搏奋进的行动姿态,在党的坚强领导下,全面贯彻党的教育方针,坚持马克思主义指导地位,坚持中国特色社会主义教育发展道路,坚持社会主义办学方向,立足基本国情,遵循教育规律,坚持改革创新,以凝聚人心、完善人格、开发人力、培育人才、造福人民为工作目标,培养德智体美劳全面发展的社会主义建设者和接班人,加快推进教育现代化、建设教育强国、办好人民满意的教育,为决胜全面建成小康社会、夺取新时代中国特色社会主义伟大胜利、实现中华民族伟大复兴的中国梦作出新的更大的贡献。

二、加强思想理论武装,深入学习贯彻习近平总书记关于教育的重要论述

党的十八大以来,习近平总书记多次深入大中小学和幼儿园考察并同师生座谈,多次主持会议审议教育重大议题,就教育改革发展作出一系列重要讲话、指示批示和贺信回信,提出了一系列新理念新思想新观点。习近平总书记在全国教育大会重要讲话中深刻回答了我国教育改革发展的重大理论和实践问题,形成了系统科学的新时代中国特色社会主义教育理论体系,把我们党对教育工作的规律性认识提升到新的高度,为做好教育工作提供了根本遵循和行动指南。

全面学习贯彻全国教育大会精神,首要任务就是认真学习领会、全面准确把握习近平总书记关于教育的重要论述的科学内涵和精神实质,更好地用以武装头脑、指导实践、推动工作,实现新时代教育改革发展的新作为。要深刻理解和把握坚持党对教育事业的全面领导的根本要求,始终坚持马克思主义指导地位,把思想政治工作贯穿学校教育管理全过程,使教育系统成为坚持党的领导的坚强阵地。深刻理解和把握坚持立德树人的根本任务,把立德树人成效作为检验学校一切工作的根本标准,培养德智体美劳全面发展的社会主义建设者和接班人。深刻理解和把握坚持优先发展教育事业的战略部署,推动健全优先发展教育事业的体制机制,加快教育现代化,努力建设教育强国。深刻理解和把握坚持社会主义办学方向的政治原则,更好地为人民服务、为中国共产党治国理政服务、为巩固和发展中国特色社会主义制度服务、为改革开放和社会主义现代化建设服务。深刻理解和把握坚持扎根中国大地办教育的自觉自信,扎根中国、融通中外,立足时代、面向未来,发展具有中国特色、世界水平的现代教育。深刻理解和把握坚持以人民为中心发展教育的价值追求,不断促进教育事业发展成果更多更公平惠及全体人民,以教育公平促进社会公平正义。深刻理解和把握坚持深化教育改革创新的鲜明导向,更加注重教育改革的系统性、整体性和协同性,以改革激活力、增动力。深刻理解和把握坚持服务中华民族伟大复兴的重要使命，围绕统筹推进“五位一体”总体布局、协调推进“四个全面”战略布局，推动教育高质量发展，提升人力资源素质。深刻理解和把握坚持把加强教师队伍建设作为基础工作的重大意义，引导教师做有理想信念、有道德情操、有扎实学识、有仁爱之心的好老师，建设一支宏大的高素质专业化教师队伍。

习近平总书记关于教育的重要论述内涵丰富、博大精深，是马克思主义基本原理与中国教育实践相结合的重大理论结晶，是习近平新时代中国特色社会主义思想的重要组成部分。各地区各部门各学校要组织广大党员干部和师生员工学深悟透，切实增强贯彻落实的思想自觉和行动自觉，全力推动新时代教育工作迈上新台阶。

三、加快教育现代化步伐，努力写好新时代教育改革发展的奋进之笔

（一）落实教育优先发展战略。推动各地各部门落实优先发展教育的责任，在组织领导、发展规划、资源保障上把教育事业摆在优先发展地位，做到经济社会发展规划优先安排教育发展、财政资金投入优先保障教育投入、公共资源配置优先满足教育和人力资源开发需要，加快建设教育强国，不断使教育同党和国家事业发展要求相适应、同人民群众期待相契合、同我国综合国力和国际地位相匹配。

（二）实施新时代立德树人工程。深入推动习近平新时代中国特色社会主义思想进教材进课堂进头脑，构建德智体美劳全面培养的教育体系和更高水平的人才培养体系，健全家庭、学校、政府、社会协同育人机制，形成全员育人、全过程育人、全方位育人的格局。着力在坚定理想信念、厚植爱国主义情怀、加强品德修养、增长知识见识、培养奋斗精神、增强综合素质上下功夫，培养一代又一代拥护中国共产党领导和我国社会主义制度、立志为中国特色社会主义奋斗终身的有用人才。

（三）加强新时代教师队伍建设。把师德师风作为评价教师队伍素质的第一标准，健全师德师风建设长效机制。实施教师教育振兴行动计划，深化教师管理制度改革，提高教师专业素质能力。教育投入更多向教师倾斜，不断提高教师待遇，从政策和待遇上支持乡村教师扎根农村。大力弘扬尊师重教的社会风尚，努力提高教师政治地位、社会地位和职业地位，让广大教师安心从教、热心从教。

（四）回应人民群众教育关切。推动学前教育普惠健康发展，破解“入园难、入园贵”问题。促进义务教育城乡一体化发展，加强农村特别是贫困地区控辍保学工作，加快消除城镇“大班额”现象。切实减轻中小学生过重的课外负担，依法规范校外培训机构。推进普通高中多样化有特色发展、高等教育内涵式发展，提高职业教育质量，打好教育脱贫攻坚战，提升民族教育、特殊教育和继续教育水

平,以教育信息化促进优质教育资源共享,为每个人成长成才创造条件。

(五)深化教育领域综合改革。系统深化育人方式、办学模式、管理体制和保障机制改革,着力形成充满活力、富有效率、更加开放、有利于高质量发展的教育体制机制。坚决克服唯分数、唯升学、唯文凭、唯论文、唯帽子的顽瘴痼疾,切实扭转不科学的评价导向。调整优化高校区域布局、学科结构、专业设置,加快一流大学和一流学科建设,强化职业教育产教融合、校企合作,提升教育服务经济社会发展能力。扩大教育对外开放,开展高水平合作办学,提升我国教育世界影响力。

(六)加强教育系统党的建设。各级教育部门党组织要切实履行好管党治党主体责任,加强各级各类学校党的领导和党的建设工作,保证党的路线方针政策决定不折不扣得到贯彻执行。各级各类学校党组织要把抓好党建工作作为办学治校的基本功,把做好思想政治工作作为各项工作的生命线。牢牢把握意识形态工作领导权,维护校园稳定。深入推进全面从严治党和反腐败斗争,加强党员日常教育管理,持之以恒落实中央八项规定精神,进一步营造风清气正的良好政治生态。

四、创新工作方式方法,确保全国教育大会精神落实落地

深刻学习领会、坚决贯彻落实习近平总书记重要讲话精神和大会要求,是当前和今后一个时期教育系统的首要任务。各地区各部门各学校要牢牢抓住这次教育大会的历史性机遇,切实履行好自己的职责和义务,迅速行动、主动担当,确保党中央决策部署落地生根、取得实效。

(一)明确工作要求。一是要“新”。立足新时代新征程,跳出传统工作套路,从内容、形式、载体、方法、手段等方面,对贯彻落实工作进行改进和创新。二是要“高”。着眼党和国家事业发展全局,高度负责尽责,体现教育系统特点,提高学习宣传贯彻的质量和水平。三是要“实”。着眼于落下去、出效果,按照习近平总书记重要讲话精神和大会要求,紧扣教育改革发展面临的主要矛盾和矛盾的主要方面,针对不同对象采取具体的、适宜的、分类指导的方式,确保大会精神落地落实。四是要“深”。加强理论概括、学理支撑和经验集成,不断推动学习宣传贯彻落实大会精神升华到规律层面,转化为加快教育现代化的强大动力。

(二)把握工作方法。一要“转时态”。一切工作保持在党的十九大后的时间频道,进入教育大会后的工作节奏,以正在做的事情为中心,坚持当前和长远相衔接、重点和全面相结合,持之以恒,久久为功,分阶段逐步深化大会精神贯彻落实工作。二要“转语态”。切实加强话语方式创新,坚持党言党语、民言民语和学言学语并举,坚持理论深度、实践力度和情感温度并重,更多运用生动鲜活的宣

传方式,用大会精神统一思想、凝聚力量。三要“转状态”。以奋进的状态、改革的方法和创新的思路,把学习宣传贯彻大会精神同推进实施教育“奋进之笔”结合起来,种好“责任田”。四要“转心态”。进一步牢固树立“四个意识”,切实把“四个自信”转化为办好中国教育的自信,敢于负责、勇于担当、善于作为,推动学习宣传贯彻大会精神不断往心里走、往实里走。

(三)开展精准行动。一是传达行动。通过召开党委(组)理论学习中心组、专题学习会等方式,迅速将大会精神传达学习,对贯彻落实各项工作作出安排。二是宣讲行动。各单位参加全国教育大会的同志要带头开展深入细致的宣讲活动。同时,要统筹用好新媒体、自媒体、融媒体、“两微一端”开展生动多样的学习宣传,帮助广大干部群众准确领会把握核心要义。三是培训行动。通过开展多形式、多层次的培训,实现对分管教育的党政干部、教育行政干部、校长和教师的全覆盖,确保教育战线把大会精神把握准、理解透、落实好。四是研讨行动。围绕习近平总书记重要讲话精神和大会要求,充分发挥教育系统优势,组织广大教师和专家学者深入开展研讨活动。以学校(院、系、所、中心)为基本单位,组织党员干部、师生员工同上一堂教育大会专题课,进行深入交流。五是调研行动。深入推进在教育系统大兴调查研究之风工作,按照习近平总书记重要讲话精神和大会要求,进一步锁定问题、找准障碍、提出对策。

(四)健全清单制度。一是问题清单。围绕中央关心、百姓关切、社会关注的教育问题,结合本地实际,列出近一两年乃至今后一个时期要解决的重点问题,找准切入点和突破口。二是课题清单。围绕习近平总书记关于教育的重要论述,组织力量进行研究阐释,明确本地本校贯彻的思路举措。三是政策清单。对标中央的新精神新要求,系统梳理和诊断现有的规章制度和政策文件,认真做好“废、改、立、释”各项工作。四是任务清单。制定本地本校加快教育现代化的任务分工,明确各项工作进度安排和时间节点。五是责任清单。坚持政治任务和岗位职责相结合、一般要求和特殊规定相结合,把学习宣传贯彻大会精神的责任明确下来,加强督查督办。

中共教育部党组

2018 年 9 月 14 日

国务院关于印发《国家职业教育改革实施方案》的通知

（国发〔2019〕4号）

各省、自治区、直辖市人民政府，国务院各部委、各直属机构：

现将《国家职业教育改革实施方案》印发给你们，请认真贯彻执行。

国务院

2019年1月24日

国家职业教育改革实施方案

职业教育与普通教育是两种不同教育类型，具有同等重要地位。改革开放以来，职业教育为我国经济社会发展提供了有力的人才和智力支撑，现代职业教育体系框架全面建成，服务经济社会发展能力和社会吸引力不断增强，具备了基本实现现代化的诸多有利条件和良好工作基础。随着我国进入新的发展阶段，产业升级和经济结构调整不断加快，各行各业对技术技能人才的需求越来越紧迫，职业教育重要地位和作用越来越凸显。但是，与发达国家相比，与建设现代化经济体系、建设教育强国的要求相比，我国职业教育还存在着体系建设不够完善、职业技能实训基地建设有待加强、制度标准不够健全、企业参与办学的动力不足、有利于技术技能人才成长的配套政策尚待完善、办学和人才培养质量水平参差不齐等问题，到了必须下大力气抓好的时候。没有职业教育现代化就没有教育现代化。为贯彻全国教育大会精神，进一步办好新时代职业教育，落实《中华人民共和国职业教育法》，制定本实施方案。

总体要求与目标：坚持以习近平新时代中国特色社会主义思想为指导，把职业教育摆在教育改革创新和经济社会发展中更加突出的位置。牢固树立新发展理念，服务建设现代化经济体系和实现更高质量更充分就业需要，对接科技发展趋势和市场需求，完善职业教育和培训体系，优化学校、专业布局，深化办学体制改革和育人机制改革，以促进就业和适应产业发展需求为导向，鼓励和支持社会各界特别是企业积极支持职业教育，着力培养高素质劳动者和技术技能人才。经过5～10年时间，职业教育基本完成由政府举办为主向政府统筹管理、社会多元办学的格局转变，由追求规模扩张向提高质量转变，由参照普通教育办学模式向企业社会参与、专业特色鲜明的类型教育转变，大幅提升新时代职业教育现代化水平，为促进经济社会发展和提高国家竞争力提供优质人才资源支撑。

具体指标：到2022年，职业院校教学条件基本达标，一大批普通本科高等学校向应用型转变，建设50所高水平高等职业学校和150个骨干专业（群）。建成覆盖大部分行业领域、具有国际先进水平的中国职业教育标准体系。企业参与职业教育的积极性有较大提升，培育数以万计的产教融合型企业，打造一批优秀职业教育培训评价组织，推动建设300个具有辐射引领作用的高水平专业化产教融合实训基地。职业院校实践性教学课时原则上占总课时一半以上，顶岗实习时间一般为6个月。"双师型"教师(同时具备理论教学和实践教学能力的教师)占专业课教师总数超过一半,分专业建设一批国家级职业教育教师教学创新团队。从2019年开始,在职业院校、应用型本科高校启动"学历证书+若干职业技能等级证书"制度试点(以下称1+X证书制度试点)工作。

一、完善国家职业教育制度体系

(一)健全国家职业教育制度框架

把握好正确的改革方向,按照"管好两端、规范中间、书证融通、办学多元"的原则,严把教学标准和毕业学生质量标准两个关口。将标准化建设作为统领职业教育发展的突破口,完善职业教育体系,为服务现代制造业、现代服务业、现代农业发展和职业教育现代化提供制度保障与人才支持。建立健全学校设置、师资队伍、教学教材、信息化建设、安全设施等办学标准,引领职业教育服务发展、促进就业创业。落实好立德树人根本任务,健全德技并修、工学结合的育人机制,完善评价机制,规范人才培养全过程。深化产教融合、校企合作,育训结合,健全多元化办学格局,推动企业深度参与协同育人,扶持鼓励企业和社会力量参与举办各类职业教育。推进资历框架建设,探索实现学历证书和职业技能等级证书互通衔接。

(二)提高中等职业教育发展水平

优化教育结构,把发展中等职业教育作为普及高中阶段教育和建设中国特色职业教育体系的重要基础,保持高中阶段教育职普比大体相当,使绝大多数城乡新增劳动力接受高中阶段教育。改善中等职业学校基本办学条件。加强省级统筹,建好办好一批县域职教中心,重点支持集中连片特困地区每个地(市、州、盟)原则上至少建设一所符合当地经济社会发展和技术技能人才培养需要的中等职业学校。指导各地优化中等职业学校布局结构,科学配置并做大做强职业教育资源。加大对民族地区、贫困地区和残疾人职业教育的政策、金融支持力度,落实职业教育东西协作行动计划,办好内地少数民族中职班。完善招生机制,建立中等职业学校和普通高中统一招生平台,精准服务区域发展需求。积极招收初高中毕业未升学学生、退役军人、退役运动员、下岗职工、返乡农民工等接受中等职业教育;服务乡村振兴战略,为广大农村培养以新型职业农民为主体的农村实用人才。发挥中等职业学校作用,帮助部分学业困难学生按规定在职业学校完成义务教育,并接受部分职业技能学习。

鼓励中等职业学校联合中小学开展劳动和职业启蒙教育,将动手实践内容纳入中小学相关课程和学生综合素质评价。

（三）推进高等职业教育高质量发展

把发展高等职业教育作为优化高等教育结构和培养大国工匠、能工巧匠的重要方式，使城乡新增劳动力更多接受高等教育。高等职业学校要培养服务区域发展的高素质技术技能人才，重点服务企业特别是中小微企业的技术研发和产品升级，加强社区教育和终身学习服务。建立“职教高考”制度，完善“文化素质＋职业技能”的考试招生办法，提高生源质量，为学生接受高等职业教育提供多种入学方式和学习方式。在学前教育、护理、养老服务、健康服务、现代服务业等领域，扩大对初中毕业生实行中高职贯通培养的招生规模。启动实施中国特色高水平高等职业学校和专业建设计划，建设一批引领改革、支撑发展、中国特色、世界水平的高等职业学校和骨干专业（群）。根据高等学校设置制度规定，将符合条件的技师学院纳入高等学校序列。

（四）完善高层次应用型人才培养体系

完善学历教育与培训并重的现代职业教育体系，畅通技术技能人才成长渠道。发展以职业需求为导向、以实践能力培养为重点、以产学研用结合为途径的专业学位研究生培养模式，加强专业学位硕士研究生培养。推动具备条件的普通本科高校向应用型转变，鼓励有条件的普通高校开办应用技术类型专业或课程。开展本科层次职业教育试点。制定中国技能大赛、全国职业院校技能大赛、世界技能大赛获奖选手等免试入学政策，探索长学制培养高端技术技能人才。服务军民融合发展，把军队相关的职业教育纳入国家职业教育大体系，共同做好面向现役军人的教育培训，支持其在服役期间取得多类职业技能等级证书，提升技术技能水平。落实好定向培养直招士官政策，推动地方院校与军队院校有效对接，推动优质职业教育资源向军事人才培养开放，建立军地网络教育资源共享机制。制订具体政策办法，支持适合的退役军人进入职业院校和普通本科高校接受教育和培训，鼓励支持设立退役军人教育培训集团（联盟），推动退役、培训、就业有机衔接，为促进退役军人特别是退役士兵就业创业作出贡献。

二、构建职业教育国家标准

（五）完善教育教学相关标准

发挥标准在职业教育质量提升中的基础性作用。按照专业设置与产业需求对接、课程内容与职业标准对接、教学过程与生产过程对接的要求，完善中等、高等职业学校设置标准，规范职业院校设置；实施教师和校长专业标准，提升职业院校教学管理和教学实践能力。持续更新并推进专业目录、专业教学标准、课程标准、顶岗实习标准、实训条件建设标准（仪器设备配备规范）建设和在职业院校落地实施。巩固和发展国务院教育行政部门联合行业制定国家教学标准、职业院校依据标准自主制订人才培养方案的工作格局。

（六）启动1+X证书制度试点工作

深化复合型技术技能人才培养培训模式改革，借鉴国际职业教育培训普遍做法，制订工作方案和具体管理办法，启动1+X证书制度试点工作。试点工作要进一步发挥好学历证书作用，夯实学生可持续发展基础，鼓励职业院校学生在获得学历证书的同时，积极取得多类职业技能等级证书，拓展就业创业本领，缓解结构性就业矛盾。国务院人力资源社会保障行政部门、教育行政部门在职责范围内，分别负责管理监督考核院校外、院校内职业技能等级证书的实施（技工院校内由人力资源社会保障行政部门负责），国务院人力资源社会保障行政部门组织制定职业标准，国务院教育行政部门依照职业标准牵头组织开发教学等相关标准。院校内培训可面向社会人群，院校外培训也可面向在校学生。各类职业技能等级证书具有同等效力，持有证书人员享受同等待遇。院校内实施的职业技能等级证书分为初级、中级、高级，是职业技能水平的凭证，反映职业活动和个人职业生涯发展所需要的综合能力。

（七）开展高质量职业培训

落实职业院校实施学历教育与培训并举的法定职责，按照育训结合、长短结合、内外结合的要求，面向在校学生和全体社会成员开展职业培训。自2019年开始，围绕现代农业、先进制造业、现代服务业、战略性新兴产业，推动职业院校在10个左右技术技能人才紧缺领域大力开展职业培训。引导行业企业深度参与技术技能人才培养培训，促进职业院校加强专业建设、深化课程改革、增强实训内容、提高师资水平，全面提升教育教学质量。各级政府要积极支持职业培训，行政部门要简政放权并履行好监管职责，相关下属机构要优化服务，对于违规收取费用的要严肃处理。畅通技术技能人才职业发展通道，鼓励其持续获得适应经济社会发展需要的职业培训证书，引导和支持企业等用人单位落实相关待遇。对取得职业技能等级证书的离校未就业高校毕业生，按规定落实职业培训补贴政策。

（八）实现学习成果的认定、积累和转换

加快推进职业教育国家“学分银行”建设，从2019年开始，探索建立职业教育个人学习账号，实现学习成果可追溯、可查询、可转换。有序开展学历证书和职业技能等级证书所体现的学习成果的认定、积累和转换，为技术技能人才持续成长拓宽通道。职业院校对取得若干职业技能等级证书的社会成员，支持其根据证书等级和类别免修部分课程，在完成规定内容学习后依法依规取得学历证书。对接受职业院校学历教育并取得毕业证书的学生，在参加相应的职业技能等级证书考试时，可免试部分内容。从2019年起，在有条件的地区和高校探索实施试点工作，制定符合国情的国家资历框架。

三、促进产教融合校企“双元”育人

（九）坚持知行合一、工学结合

借鉴“双元制”等模式，总结现代学徒制和企业新型学徒制试点经验，校企共同研究制定人才培养方案，及时将新技术、新工艺、新规范纳入教学标准和教学内容，强化学生实习实训。健全专业设置定期评估机制，强化地方引导本区域职业院校优化专业设置的职责，原则上每5年修订1次职业院校专业目录，学校依据目录灵活自主设置专业，每年调整1次专业。健全专业教学资源库，建立共建共享平台的资源认证标准和交易机制，进一步扩大优质资源覆盖面。遴选认定一大批职业教育在线精品课程，建设一大批校企“双元”合作开发的国家规划教材，倡导使用新型活页式、工作手册式教材并配套开发信息化资源。每3年修订1次教材，其中专业教材随信息技术发展和产业升级情况及时动态更新。适应“互联网＋职业教育”发展需求，运用现代信息技术改进教学方式方法，推进虚拟工厂等网络学习空间建设和普遍应用。

（十）推动校企全面加强深度合作

职业院校应当根据自身特点和人才培养需要，主动与具备条件的企业在人才培养、技术创新、就业创业、社会服务、文化传承等方面开展合作。学校积极为企业提供所需的课程、师资等资源，企业应当依法履行实施职业教育的义务，利用资本、技术、知识、设施、设备和管理等要素参与校企合作，促进人力资源开发。校企合作中，学校可从中获得智力、专利、教育、劳务等报酬，具体分配由学校按规定自行处理。在开展国家产教融合建设试点基础上，建立产教融合型企业认证制度，对进入目录的产教融合型企业给予“金融＋财政＋土地＋信用”的组合式激励，并按规定落实相关税收政策。试点企业兴办职业教育的投资符合条件的，可按投资额一定比例抵免该企业当年应缴教育费附加和地方教育附加。厚植企业承担职业教育责任的社会环境，推动职业院校和行业企业形成命运共同体。

（十一）打造一批高水平实训基地

加大政策引导力度，充分调动各方面深化职业教育改革创新的积极性，带动各级政府、企业和职业院校建设一批资源共享，集实践教学、社会培训、企业真实生产和社会技术服务于一体的高水平职业教育实训基地。面向先进制造业等技术技能人才紧缺领域，统筹多种资源，建设若干具有辐射引领作用的高水平专业化产教融合实训基地，推动开放共享，辐射区域内学校和企业；鼓励职业院校建设或校企共建一批校内实训基地，提升重点专业建设和校企合作育人水平。积

极吸引企业和社会力量参与,指导各地各校借鉴德国、日本、瑞士等国家经验,探索创新实训基地运营模式。提高实训基地规划、管理水平,为社会公众、职业院校在校生取得职业技能等级证书和企业提升人力资源水平提供有力支撑。

(十二)多措并举打造“双师型”教师队伍

从2019年起,职业院校、应用型本科高校相关专业教师原则上从具有3年以上企业工作经历并具有高职以上学历的人员中公开招聘,特殊高技能人才(含具有高级工以上职业资格人员)可适当放宽学历要求,2020年起基本不再从应届毕业生中招聘。加强职业技术师范院校建设,优化结构布局,引导一批高水平工科学校举办职业技术师范教育。实施职业院校教师素质提高计划,建立100个“双师型”教师培养培训基地,职业院校、应用型本科高校教师每年至少1个月在企业或实训基地实训,落实教师5年一周期的全员轮训制度。探索组建高水平、结构化教师教学创新团队,教师分工协作进行模块化教学。定期组织选派职业院校专业骨干教师赴国外研修访学。在职业院校实行高层次、高技能人才以直接考察的方式公开招聘。建立健全职业院校自主聘任兼职教师的办法,推动企业工程技术人员、高技能人才和职业院校教师双向流动。职业院校通过校企合作、技术服务、社会培训、自办企业等所得收入,可按一定比例作为绩效工资来源。

四、建设多元办学格局

(十三)推动企业和社会力量举办高质量职业教育

各级政府部门要深化“放管服”改革,加快推进职能转变,由注重“办”职业教育向“管理与服务”过渡。政府主要负责规划战略、制定政策、依法依规监管。发挥企业重要办学主体作用,鼓励有条件的企业特别是大企业举办高质量职业教育,各级人民政府可按规定给予适当支持。完善企业经营管理和技术人员与学校领导、骨干教师相互兼职兼薪制度。2020年初步建成300个示范性职业教育集团(联盟),带动中小企业参与。支持和规范社会力量兴办职业教育培训,鼓励发展股份制、混合所有制等职业院校和各类职业培训机构。建立公开透明规范的民办职业教育准入、审批制度,探索民办职业教育负面清单制度,建立健全退出机制。

(十四)做优职业教育培训评价组织

职业教育包括职业学校教育和职业培训,职业院校和应用型本科高校按照国家教学标准和规定职责完成教学任务和职业技能人才培养。同时,也必须调动社会力量,补充校园不足,助力校园办学。能够依据国家有关法规和职业标准、教学标准完成的职业技能培训,要更多通过职业教育培训评价组织(以下简称培训评价组织）等参与实施。政府通过放宽准入，严格末端监督执法，严格控制数量，扶优、扶大、扶强，保证培训质量和学生能力水平。要按照在已成熟的品牌中遴选一批、在成长中的品牌中培育一批、在有需要但还没有建立项目的领域中规划一批的原则，以社会化机制公开招募并择优遴选培训评价组织，优先从制订过国家职业标准并完成标准教材编写，具有专家、师资团队、资金实力和5年以上优秀培训业绩的机构中选择。培训评价组织应对接职业标准，与国际先进标准接轨，按有关规定开发职业技能等级标准，负责实施职业技能考核、评价和证书发放。政府部门要加强监管，防止出现乱培训、滥发证现象。行业协会要积极配合政府，为培训评价组织提供好服务环境支持，不得以任何方式收取费用或干预企业办学行为。

五、完善技术技能人才保障政策

（十五）提高技术技能人才待遇水平

支持技术技能人才凭技能提升待遇，鼓励企业职务职级晋升和工资分配向关键岗位、生产一线岗位和紧缺急需的高层次、高技能人才倾斜。建立国家技术技能大师库，鼓励技术技能大师建立大师工作室，并按规定给予政策和资金支持，支持技术技能大师到职业院校担任兼职教师，参与国家重大工程项目联合攻关。积极推动职业院校毕业生在落户、就业、参加机关事业单位招聘、职称评审、职级晋升等方面与普通高校毕业生享受同等待遇。逐步提高技术技能人才特别是技术工人收入水平和地位。机关和企事业单位招用人员不得歧视职业院校毕业生。国务院人力资源社会保障行政部门会同有关部门，适时组织清理调整对技术技能人才的歧视政策，推动形成人人皆可成才、人人尽展其才的良好环境。按照国家有关规定加大对职业院校参加有关技能大赛成绩突出毕业生的表彰奖励力度。办好职业教育活动周和世界青年技能日宣传活动，深入开展“大国工匠进校园”、“劳模进校园”、“优秀职校生校园分享”等活动，宣传展示大国工匠、能工巧匠和高素质劳动者的事迹和形象，培育和传承好工匠精神。

（十六）健全经费投入机制

各级政府要建立与办学规模、培养成本、办学质量等相适应的财政投入制度，地方政府要按规定制定并落实职业院校生均经费标准或公用经费标准。在保障教育合理投入的同时，优化教育支出结构，新增教育经费要向职业教育倾斜。鼓励社会力量捐资、出资兴办职业教育，拓宽办学筹资渠道。进一步完善中等职业学校生均拨款制度，各地中等职业学校生均财政拨款水平可适当高于当地普通高中。各地在继续巩固落实好高等职业教育生均财政拨款水平达到12000元的基础上，根据发展需要和财力可能逐步提高拨款水平。组织实施好现代职业教育质量提升计划、产教融合工程等。经费投入要进一步突出改革导向,支持校企合作,注重向中西部、贫困地区和民族地区倾斜。进一步扩大职业院校助学金覆盖面,完善补助标准动态调整机制,落实对建档立卡等家庭经济困难学生的倾斜政策,健全职业教育奖学金制度。

六、加强职业教育办学质量督导评价

(十七)建立健全职业教育质量评价和督导评估制度

以学习者的职业道德、技术技能水平和就业质量,以及产教融合、校企合作水平为核心,建立职业教育质量评价体系。定期对职业技能等级证书有关工作进行"双随机、一公开"的抽查和监督,从2019年起,对培训评价组织行为和职业院校培训质量进行监测和评估。实施职业教育质量年度报告制度,报告向社会公开。完善政府、行业、企业、职业院校等共同参与的质量评价机制,积极支持第三方机构开展评估,将考核结果作为政策支持、绩效考核、表彰奖励的重要依据。完善职业教育督导评估办法,建立职业教育定期督导评估和专项督导评估制度,落实督导报告、公报、约谈、限期整改、奖惩等制度。国务院教育督导委员会定期听取职业教育督导评估情况汇报。

(十八)支持组建国家职业教育指导咨询委员会

为把握正确的国家职业教育改革发展方向,创新我国职业教育改革发展模式,提出重大政策研究建议,参与起草、制订国家职业教育法律法规,开展重大改革调研,提供各种咨询意见,进一步提高政府决策科学化水平,规划并审议职业教育标准等,在政府指导下组建国家职业教育指导咨询委员会。成员包括政府人员、职业教育专家、行业企业专家、管理专家、职业教育研究人员、中华职业教育社等团体和社会各方面热心职业教育的人士。通过政府购买服务等方式,听取咨询机构提出的意见建议并鼓励社会和民间智库参与。政府可以委托国家职业教育指导咨询委员会作为第三方,对全国职业院校、普通高校、校企合作企业、培训评价组织的教育管理、教学质量、办学方式模式、师资培养、学生职业技能提升等情况,进行指导、考核、评估等。

七、做好改革组织实施工作

(十九)加强党对职业教育工作的全面领导

以习近平新时代中国特色社会主义思想特别是习近平总书记关于职业教育的重要论述武装头脑、指导实践、推动工作。加强党对教育事业的全面领导,全面贯彻党的教育方针,落实中央教育工作领导小组各项要求,保证职业教育改革发展正确方向。要充分发挥党组织在职业院校的领导核心和政治核心作用,牢牢把握学校意识形态工作领导权，将党建工作与学校事业发展同部署、同落实、同考评。指导职业院校上好思想政治理论课，实施好中等职业学校“文明风采”活动，推进职业教育领域“三全育人”综合改革试点工作，使各类课程与思想政治理论课同向同行，努力实现职业技能和职业精神培养高度融合。加强基层党组织建设，有效发挥基层党组织的战斗堡垒作用和共产党员的先锋模范作用，带动学校工会、共青团等群团组织和学生会组织建设，汇聚每一位师生员工的积极性和主动性。

（二十）完善国务院职业教育工作部际联席会议制度

国务院职业教育工作部际联席会议由教育、人力资源社会保障、发展改革、工业和信息化、财政、农业农村、国资、税务、扶贫等单位组成，国务院分管教育工作的副总理担任召集人。联席会议统筹协调全国职业教育工作，研究协调解决工作中重大问题，听取国家职业教育指导咨询委员会等方面的意见建议，部署实施职业教育改革创新重大事项，每年召开两次会议，各成员单位就有关工作情况向联席会议报告。国务院教育行政部门负责职业教育工作的统筹规划、综合协调、宏观管理，国务院教育行政部门、人力资源社会保障行政部门和其他有关部门在职责范围内，分别负责有关的职业教育工作。各成员单位要加强沟通协调，做好相关政策配套衔接，在国家和区域战略规划、重大项目安排、经费投入、企业办学、人力资源开发等方面形成政策合力。推动落实《中华人民共和国职业教育法》，为职业教育改革创新提供重要的制度保障。

教育部、财政部关于实施中国特色高水平高职学校和专业建设计划的意见

（教职成〔2019〕5 号）

各省、自治区、直辖市教育厅（教委）、财政厅（局），新疆生产建设兵团教育局、财政局：

为深入贯彻落实全国教育大会精神，落实《国家职业教育改革实施方案》，集中力量建设一批引领改革、支撑发展、中国特色、世界水平的高职学校和专业群，带动职业教育持续深化改革，强化内涵建设，实现高质量发展，现就实施中国特色高水平高职学校和专业建设计划（以下简称“双高计划”）提出如下意见。

一、总体要求

（一）指导思想

以习近平新时代中国特色社会主义思想为指导，牢固树立新发展理念，服务建设现代化经济体系和更高质量更充分就业需要，扎根中国、放眼世界、面向未来，强力推进产教融合、校企合作，聚焦高端产业和产业高端，重点支持一批优质高职学校和专业群率先发展，引领职业教育服务国家战略、融入区域发展、促进产业升级，为建设教育强国、人才强国作出重要贡献。

（二）基本原则

——坚持中国特色。扎根中国大地，全面贯彻党的教育方针，坚定社会主义办学方向，完善职业教育和培训体系，健全德技并修、工学结合的育人机制，服务新时代经济高质量发展，为中国产业走向全球产业中高端提供高素质技术技能人才支撑。

——坚持产教融合。创新高等职业教育与产业融合发展的运行模式，精准对接区域人才需求，提升高职学校服务产业转型升级的能力，推动高职学校和行业企业形成命运共同体，为加快建设现代产业体系，增强产业核心竞争力提供有力支撑。

——坚持扶优扶强。质量为先、以点带面，兼顾区域和产业布局，支持基础条件优良、改革成效突出、办学特色鲜明的高职学校和专业群率先发展，积累可

复制、可借鉴的改革经验和模式，发挥示范引领作用。

——坚持持续推进。按周期、分阶段推进建设，实行动态管理、过程监测、有进有出、优胜劣汰，完善持续支持高水平高职学校和专业群建设的机制，实现高质量发展。

——坚持省级统筹。发挥地方支持职业教育改革发展的积极性和主动性，加大资金和政策保障力度。中央财政以奖补的形式通过相关转移支付给予引导支持。多渠道扩大资源供给，构建政府行业企业学校协同推进职业教育发展新机制。

(三)总体目标

围绕办好新时代职业教育的新要求，集中力量建设50所左右高水平高职学校和150个左右高水平专业群，打造技术技能人才培养高地和技术技能创新服务平台，支撑国家重点产业、区域支柱产业发展，引领新时代职业教育实现高质量发展。

到2022年，列入计划的高职学校和专业群办学水平、服务能力、国际影响显著提升，为职业教育改革发展和培养千万计的高素质技术技能人才发挥示范引领作用，使职业教育成为支撑国家战略和地方经济社会发展的重要力量。形成一批有效支撑职业教育高质量发展的政策、制度、标准。

到2035年，一批高职学校和专业群达到国际先进水平，引领职业教育实现现代化，为促进经济社会发展和提高国家竞争力提供优质人才资源支撑。职业教育高质量发展的政策、制度、标准体系更加成熟完善，形成中国特色职业教育发展模式。

二、改革发展任务

(四)加强党的建设

深入推进习近平新时代中国特色社会主义思想进教材进课堂进头脑，大力开展理想信念教育和社会主义核心价值观教育，构建全员全过程全方位育人的思想政治工作格局，实现职业技能和职业精神培养高度融合。落实党委领导下的校长负责制，充分发挥党组织在学校的领导核心和政治核心作用，牢牢把握意识形态主动权，引导广大师生树牢“四个意识”、坚定“四个自信”、坚决做到“两个维护”。加强基层党组织建设，将党的建设与学校事业发展同部署、同落实、同考评，有效发挥基层党组织战斗堡垒作用和共产党员先锋模范作用，带动学校工会、共青团等群团组织和学生会组织建设，为学校改革发展提供坚强组织保证。

(五)打造技术技能人才培养高地

落实立德树人根本任务，将社会主义核心价值观教育贯穿技术技能人才培养全过程。坚持工学结合、知行合一，加强学生认知能力、合作能力、创新能力和职业能力培养。加强劳动教育，以劳树德、以劳增智、以劳强体、以劳育美。培育和传承工匠精神，引导学生养成严谨专注、敬业专业、精益求精和追求卓越的品质。深化复合型技术技能人才培养培训模式改革，率先开展“学历证书＋若干职业技能等级证书”制度试点。在全面提高质量的基础上，着力培养一批产业急需、技艺高超的高素质技术技能人才。

（六）打造技术技能创新服务平台

对接科技发展趋势，以技术技能积累为纽带，建设集人才培养、团队建设、技术服务于一体，资源共享、机制灵活、产出高效的人才培养与技术创新平台，促进创新成果与核心技术产业化，重点服务企业特别是中小微企业的技术研发和产品升级。加强与地方政府、产业园区、行业深度合作，建设兼具科技攻关、智库咨询、英才培养、创新创业功能，体现学校特色的产教融合平台，服务区域发展和产业转型升级。进一步提高专业群集聚度和配套供给服务能力，与行业领先企业深度合作，建设兼具产品研发、工艺开发、技术推广、大师培育功能的技术技能平台，服务重点行业和支柱产业发展。

（七）打造高水平专业群

面向区域或行业重点产业，依托优势特色专业，健全对接产业、动态调整、自我完善的专业群建设发展机制，促进专业资源整合和结构优化，发挥专业群的集聚效应和服务功能，实现人才培养供给侧和产业需求侧结构要素全方位融合。校企共同研制科学规范、国际可借鉴的人才培养方案和课程标准，将新技术、新工艺、新规范等产业先进元素纳入教学标准和教学内容，建设开放共享的专业群课程教学资源和实践教学基地。组建高水平、结构化教师教学创新团队，探索教师分工协作的模块化教学模式，深化教材与教法改革，推动课堂革命。建立健全多方协同的专业群可持续发展保障机制。

（八）打造高水平双师队伍

以“四有”标准打造数量充足、专兼结合、结构合理的高水平双师队伍。培育引进一批行业有权威、国际有影响的专业群建设带头人，着力培养一批能够改进企业产品工艺、解决生产技术难题的骨干教师，合力培育一批具有绝技绝艺的技术技能大师。聘请行业企业领军人才、大师名匠兼职任教。建立健全教师职前培养、入职培训和在职研修体系。建设教师发展中心，提升教师教学和科研能力，促进教师职业发展。创新教师评价机制，建立以业绩贡献和能力水平为导向、以目标管理和目标考核为重点的绩效工资动态调整机制，实现多劳多得、优绩优酬。

（九）提升校企合作水平

与行业领先企业在人才培养、技术创新、社会服务、就业创业、文化传承等方面深度合作，形成校企命运共同体。把握全球产业发展、国内产业升级的新机遇，主动参与供需对接和流程再造，推动专业建设与产业发展相适应，实质推进协同育人。施行校企联合培养、双主体育人的中国特色现代学徒制。推行面向企业真实生产环境的任务式培养模式。牵头组建职业教育集团，推进实体化运作，实现资源共建共享。吸引企业联合建设产业学院和企业工作室、实验室、创新基地、实践基地。

（十）提升服务发展水平

培养适应高端产业和产业高端需要的高素质技术技能人才，服务中国产业走向全球产业中高端。以应用技术解决生产生活中的实际问题，切实提高生产效率、产品质量和服务品质。加强新产品开发和技术成果的推广转化，推动中小企业的技术研发和产品升级，促进民族传统工艺、民间技艺传承创新。面向脱贫攻坚主战场，积极吸引贫困地区学生到"双高计划"学校就学。服务乡村振兴战略，广泛开展面向农业农村的职业教育和培训。面向区域经济社会发展急需紧缺领域，大力开展高技能人才培训。积极主动开展职工继续教育，拓展社区教育和终身学习服务。

（十一）提升学校治理水平

健全内部治理体系，完善以章程为核心的现代职业学校制度体系，形成学校自主管理、自我约束的体制机制，推进治理能力现代化。健全学校、行业、企业、社区等共同参与的学校理事会或董事会，发挥咨询、协商、议事和监督作用。设立校级学术委员会，统筹行使学术事务的决策、审议、评定和咨询等职权。设立校级专业建设委员会和教材选用委员会，指导和促进专业建设和教学改革。发挥教职工代表大会作用，审议学校重大问题。优化内部治理结构，扩大二级院系管理自主权，发展跨专业教学组织。

（十二）提升信息化水平

加快智慧校园建设，促进信息技术和智能技术深度融入教育教学和管理服务全过程，改进教学、优化管理、提升绩效。消除信息孤岛，保证信息安全，综合运用大数据、人工智能等手段推进学校管理方式变革，提升管理效能和水平。以"信息技术＋"升级传统专业，及时发展数字经济催生的新兴专业。适应"互联网＋职业教育"需求，推进数字资源、优秀师资、教育数据共建共享，助力教育服务供给模式升级。提升师生信息素养，建设智慧课堂和虚拟工厂，广泛应用线上线下混合教学，促进自主、泛在、个性化学习。

(十三)提升国际化水平

加强与职业教育发达国家的交流合作,引进优质职业教育资源,参与制订职业教育国际标准。开发国际通用的专业标准和课程体系,推出一批具有国际影响的高质量专业标准、课程标准、教学资源,打造中国职业教育国际品牌。积极参与“一带一路”建设和国际产能合作,培养国际化技术技能人才,促进中外人文交流。探索援助发展中国家职业教育的渠道和模式。开展国际职业教育服务,承接“走出去”中资企业海外员工教育培训,建设一批鲁班工坊,推动技术技能人才本土化。

三、组织实施

(十四)建立协同推进机制

国家有关部门负责宏观布局、统筹协调、经费管理等顶层设计,围绕经济社会发展和国家战略需要,适时调整建设重点,成立项目建设咨询专家委员会,为重大政策、总体方案、审核立项、监督评价等提供咨询和支撑。各地要加强政策支持和经费保障,动员各方力量支持项目建设,对接区域经济社会发展需求,构建以“双高计划”学校为引领,区域内高职学校协调发展的格局。“双高计划”学校要深化改革创新,聚焦建设任务,科学编制建设方案和任务书,健全责任机制,扎实推进建设,确保工作成效。

(十五)加强项目实施管理

“双高计划”每五年一个支持周期,2019 年启动第一轮建设。制定项目遴选管理办法,明确遴选条件和程序,公开申请、公平竞争、公正认定。项目遴选坚持质量为先、改革导向,以学校、专业的客观发展水平为基础,对职业教育发展环境好、重点工作推进有力、改革成效明显的省(区、市)予以倾斜支持。制定项目绩效评价办法,建立信息采集与绩效管理系统,实行年度评价项目建设绩效,中期调整项目经费支持额度;依据周期绩效评价结果,调整项目建设单位。发挥第三方评价作用,定期跟踪评价。建立信息公开公示网络平台,接受社会监督。

(十六)健全多元投入机制

各地新增教育经费向职业教育倾斜,在完善高职生均拨款制度、逐步提高生均拨款水平的基础上,对“双高计划”学校给予重点支持,中央财政通过现代职业教育质量提升计划专项资金对“双高计划”给予奖补支持,发挥引导作用。有关部门和行业企业以共建、共培等方式积极参与项目建设。项目学校以服务求发展,积极筹集社会资源,增强自我造血功能。

(十七)优化改革发展环境

各地要结合区域功能、产业特点探索差别化的职业教育发展路径,建立健全产教对接机制，促进人才培养与产业需求有机衔接。加大“双高计划”学校的支持力度，在领导班子、核定教师编制、高级教师岗位比例、绩效工资总量等方面按规定给予政策倾斜。深入推进“放管服”改革，在专业设置、内设机构及岗位设置、进人用人、经费使用管理上进一步扩大学校办学自主权。建立健全改革创新容错纠错机制，鼓励“双高计划”学校大胆试、大胆闯，激发和保护干部队伍敢于担当、干事创业的积极性、主动性、创造性。

教育部　财政部

2019年3月29日

中共中央　国务院印发《新时代公民道德建设实施纲要》

（2019 年 10 月）

新华社北京 10 月 27 日电：近日，中共中央、国务院印发了《新时代公民道德建设实施纲要》，并发出通知，要求各地区各部门结合实际认真贯彻落实。

中华文明源远流长，孕育了中华民族的宝贵精神品格，培育了中国人民的崇高价值追求。中国共产党领导人民在革命、建设和改革历史进程中，坚持马克思主义对人类美好社会的理想，继承发扬中华传统美德，创造形成了引领中国社会发展进步的社会主义道德体系。坚持和发展中国特色社会主义，需要物质文明和精神文明全面发展、人民物质生活和精神生活水平全面提升。中国特色社会主义进入新时代，加强公民道德建设、提高全社会道德水平，是全面建成小康社会、全面建设社会主义现代化强国的战略任务，是适应社会主要矛盾变化、满足人民对美好生活向往的迫切需要，是促进社会全面进步、人的全面发展的必然要求。

2001 年，党中央颁布《公民道德建设实施纲要》，对在社会主义市场经济条件下加强公民道德建设提供了重要指导，有力促进了社会主义精神文明建设。党的十八大以来，以习近平同志为核心的党中央高度重视公民道德建设，立根塑魂、正本清源，作出一系列重要部署，推动思想道德建设取得显著成效。中国特色社会主义和中国梦深入人心，践行社会主义核心价值观、传承中华优秀传统文化的自觉性不断提升，爱国主义、集体主义、社会主义思想广为弘扬，崇尚英雄、尊重模范、学习先进成为风尚，民族自信心、自豪感大大增强，人民思想觉悟、道德水准、文明素养不断提高，道德领域呈现积极健康向上的良好态势。

同时也要看到，在国际国内形势深刻变化、我国经济社会深刻变革的大背景下，由于市场经济规则、政策法规、社会治理还不够健全，受不良思想文化侵蚀和网络有害信息影响，道德领域依然存在不少问题。一些地方、一些领域不同程度存在道德失范现象，拜金主义、享乐主义、极端个人主义仍然比较突出；一些社会成员道德观念模糊甚至缺失，是非、善恶、美丑不分，见利忘义、唯利是图，损人利己、损公肥私；造假欺诈、不讲信用的现象久治不绝，突破公序良俗底线、妨害人民幸福生活、伤害国家尊严和民族感情的事件时有发生。这些问题必须引起全党全社会高度重视，采取有力措施切实加以解决。

加强公民道德建设是一项长期而紧迫、艰巨而复杂的任务，要适应新时代新要求，坚持目标导向和问题导向相统一，进一步加大工作力度，把握规律、积极创新，持之以恒、久久为功，推动全民道德素质和社会文明程度达到一个新高度。

一、总体要求

要以习近平新时代中国特色社会主义思想为指导，紧紧围绕进行伟大斗争、建设伟大工程、推进伟大事业、实现伟大梦想，着眼构筑中国精神、中国价值、中国力量，促进全体人民在理想信念、价值理念、道德观念上紧密团结在一起，在全民族牢固树立中国特色社会主义共同理想，在全社会大力弘扬社会主义核心价值观，积极倡导富强民主文明和谐、自由平等公正法治、爱国敬业诚信友善，全面推进社会公德、职业道德、家庭美德、个人品德建设，持续强化教育引导、实践养成、制度保障，不断提升公民道德素质，促进人的全面发展，培养和造就担当民族复兴大任的时代新人。

——坚持马克思主义道德观、社会主义道德观，倡导共产主义道德，以为人民服务为核心，以集体主义为原则，以爱祖国、爱人民、爱劳动、爱科学、爱社会主义为基本要求，始终保持公民道德建设的社会主义方向。

——坚持以社会主义核心价值观为引领，将国家、社会、个人层面的价值要求贯穿到道德建设各方面，以主流价值建构道德规范、强化道德认同、指引道德实践，引导人们明大德、守公德、严私德。

——坚持在继承传统中创新发展，自觉传承中华传统美德，继承我们党领导人民在长期实践中形成的优良传统和革命道德，适应新时代改革开放和社会主义市场经济发展要求，积极推动创造性转化、创新性发展，不断增强道德建设的时代性实效性。

——坚持提升道德认知与推动道德实践相结合，尊重人民群众的主体地位，激发人们形成善良的道德意愿、道德情感，培育正确的道德判断和道德责任，提高道德实践能力尤其是自觉实践能力，引导人们向往和追求讲道德、尊道德、守道德的生活。

——坚持发挥社会主义法治的促进和保障作用，以法治承载道德理念、鲜明道德导向、弘扬美德义行，把社会主义道德要求体现到立法、执法、司法、守法之中，以法治的力量引导人们向上向善。

——坚持积极倡导与有效治理并举，遵循道德建设规律，把先进性要求与广泛性要求结合起来，坚持重在建设、立破并举，发挥榜样示范引领作用，加大突出问题整治力度，树立新风正气、祛除歪风邪气。

要把社会公德、职业道德、家庭美德、个人品德建设作为着力点。推动践行以文明礼貌、助人为乐、爱护公物、保护环境、遵纪守法为主要内容的社会公德，鼓励人们在社会上做一个好公民；推动践行以爱岗敬业、诚实守信、办事公道、热情服务、奉献社会为主要内容的职业道德，鼓励人们在工作中做一个好建设者；推动践行以尊老爱幼、男女平等、夫妻和睦、勤俭持家、邻里互助为主要内容的家庭美德，鼓励人们在家庭里做一个好成员；推动践行以爱国奉献、明礼遵规、勤劳善良、宽厚正直、自强自律为主要内容的个人品德，鼓励人们在日常生活中养成好品行。

二、重点任务

1. 筑牢理想信念之基。人民有信仰，国家有力量，民族有希望。信仰信念指引人生方向，引领道德追求。要坚持不懈用习近平新时代中国特色社会主义思想武装全党、教育人民，引导人们把握丰富内涵、精神实质、实践要求，打牢信仰信念的思想理论根基。在全社会广泛开展理想信念教育，深化社会主义和共产主义宣传教育，深化中国特色社会主义和中国梦宣传教育，引导人们不断增强道路自信、理论自信、制度自信、文化自信，把共产主义远大理想与中国特色社会主义共同理想统一起来，把实现个人理想融入实现国家富强、民族振兴、人民幸福的伟大梦想之中。

2. 培育和践行社会主义核心价值观。社会主义核心价值观是当代中国精神的集中体现，是凝聚中国力量的思想道德基础。要持续深化社会主义核心价值观宣传教育，增进认知认同、树立鲜明导向、强化示范带动，引导人们把社会主义核心价值观作为明德修身、立德树人的根本遵循。坚持贯穿结合融入、落细落小落实，把社会主义核心价值观要求融入日常生活，使之成为人们日用而不觉的道德规范和行为准则。坚持德法兼治，以道德滋养法治精神，以法治体现道德理念，全面贯彻实施宪法，推动社会主义核心价值观融入法治建设，将社会主义核心价值观要求全面体现到中国特色社会主义法律体系中，体现到法律法规立改废释、公共政策制定修订、社会治理改进完善中，为弘扬主流价值提供良好社会环境和制度保障。

3. 传承中华传统美德。中华传统美德是中华文化精髓，是道德建设的不竭源泉。要以礼敬自豪的态度对待中华优秀传统文化，充分发掘文化经典、历史遗存、文物古迹承载的丰厚道德资源，弘扬古圣先贤、民族英雄、志士仁人的嘉言懿行，让中华文化基因更好植根于人们的思想意识和道德观念。深入阐发中华优秀传统文化蕴含的讲仁爱、重民本、守诚信、崇正义、尚和合、求大同等思想理念，深入挖掘自强不息、敬业乐群、扶正扬善、扶危济困、见义勇为、孝老爱亲等传统美德，并结合新的时代条件和实践要求继承创新，充分彰显其时代价值和永恒魅力，使之与现代文化、现实生活相融相通，成为全体人民精神生活、道德实践的鲜明标识。

4.弘扬民族精神和时代精神。以爱国主义为核心的民族精神和以改革创新为核心的时代精神，是中华民族生生不息、发展壮大的坚实精神支撑和强大道德力量。要深化改革开放史、新中国历史、中国共产党历史、中华民族近代史、中华文明史教育，弘扬中国人民伟大创造精神、伟大奋斗精神、伟大团结精神、伟大梦想精神，倡导一切有利于团结统一、爱好和平、勤劳勇敢、自强不息的思想和观念，构筑中华民族共有精神家园。要继承和发扬党领导人民创造的优良传统，传承红色基因，赓续精神谱系。要紧紧围绕全面深化改革开放、深入推进社会主义现代化建设，大力倡导解放思想、实事求是、与时俱进、求真务实的理念，倡导“幸福源自奋斗”、“成功在于奉献”、“平凡孕育伟大”的理念，弘扬改革开放精神、劳动精神、劳模精神、工匠精神、优秀企业家精神、科学家精神，使全体人民保持昂扬向上、奋发有为的精神状态。

三、深化道德教育引导

1.把立德树人贯穿学校教育全过程。学校是公民道德建设的重要阵地。要全面贯彻党的教育方针，坚持社会主义办学方向，坚持育人为本、德育为先，把思想品德作为学生核心素养、纳入学业质量标准，构建德智体美劳全面培养的教育体系。加强思想品德教育，遵循不同年龄阶段的道德认知规律，结合基础教育、职业教育、高等教育的不同特点，把社会主义核心价值观和道德规范有效传授给学生。注重融入贯穿，把公民道德建设的内容和要求体现到各学科教育中，体现到学科体系、教学体系、教材体系、管理体系建设中，使传授知识过程成为道德教化过程。开展社会实践活动，强化劳动精神、劳动观念教育，引导学生热爱劳动、尊重劳动，懂得劳动最光荣、劳动最崇高、劳动最伟大、劳动最美丽的道理，更好认识社会、了解国情，增强社会责任感。加强师德师风建设，引导教师以德立身、以德立学、以德施教、以德育德，做有理想信念、有道德情操、有扎实学识、有仁爱之心的好老师。建设优良校风，用校训励志，丰富校园文化生活，营造有利于学生修德立身的良好氛围。

2.用良好家教家风涵育道德品行。家庭是社会的基本细胞，是道德养成的起点。要弘扬中华民族传统家庭美德，倡导现代家庭文明观念，推动形成爱国爱家、相亲相爱、向上向善、共建共享的社会主义家庭文明新风尚，让美德在家庭中生根、在亲情中升华。通过多种方式，引导广大家庭重言传、重身教，教知识、育品德，以身作则、耳濡目染，用正确道德观念塑造孩子美好心灵；自觉传承中华孝道，感念父母养育之恩、感念长辈关爱之情，养成孝敬父母、尊敬长辈的良好品质；倡导忠诚、责任、亲情、学习、公益的理念，让家庭成员相互影响、共同提高，在为家庭谋幸福、为他人送温暖、为社会作贡献过程中提高精神境界、培育文明风尚。

3.以先进模范引领道德风尚。伟大时代呼唤伟大精神，崇高事业需要榜样引领。要精心选树时代楷模、道德模范等先进典型，综合运用宣讲报告、事迹报道、专题节目、文艺作品、公益广告等形式，广泛宣传他们的先进事迹和突出贡献，树立鲜明时代价值取向，彰显社会道德高度。持续推出各行各业先进人物，广泛推荐宣传最美人物、身边好人，让不同行业、不同群体都能学有榜样、行有示范，形成见贤思齐、争当先进的生动局面。尊崇褒扬、关心关爱先进人物和英雄模范，建立健全关爱关怀机制，维护先进人物和英雄模范的荣誉和形象，形成德者有得、好人好报的价值导向。

4.以正确舆论营造良好道德环境。舆论具有成风化人、敦风化俗的重要作用。要坚持以正确的舆论引导人，把正确价值导向和道德要求体现到经济、社会、文化等各领域的新闻报道中，体现到娱乐、体育、广告等各类节目栏目中。加强对道德领域热点问题的引导，以事说理、以案明德，着力增强人们的法治意识、公共意识、规则意识、责任意识。发挥舆论监督作用，对违反社会道德、背离公序良俗的言行和现象，及时进行批评、驳斥，激浊扬清、弘扬正气。传媒和相关业务从业人员要加强道德修养、强化道德自律，自觉履行社会责任。

5.以优秀文艺作品陶冶道德情操。文以载道，文以传情，文以植德。要把培育和弘扬社会主义核心价值观作为根本任务，坚持以人民为中心的创作导向，推出更多讴歌党、讴歌祖国，讴歌人民、讴歌英雄，讴歌劳动、讴歌奉献的精品力作，润物无声传播真善美，弘扬崇高的道德理想和道德追求。坚持把社会效益放在首位，倡导讲品位、讲格调、讲责任，抵制低俗、庸俗、媚俗，用健康向上的文艺作品温润心灵、启迪心智、引领风尚。要把社会主义道德作为文艺评论、评介、评奖的重要标准，更好地引导文艺创作生产传播坚守正道、弘扬正气。文艺工作者要把崇德尚艺作为一生的功课，把为人、做事、从艺统一起来，加强思想积累、知识储备、艺术训练，提高学养、涵养、修养，努力追求真才学、好德行、高品位，做到德艺双馨。

6.发挥各类阵地道德教育作用。各类阵地是面向广大群众开展道德教育的基本依托。要加强新时代文明实践中心建设，大力推进媒体融合发展，抓好县级融媒体中心建设，推动基层广泛开展中国特色社会主义文化、社会主义思想道德学习教育实践，引导人们提高思想觉悟、道德水准、文明素养。加强爱国主义教育基地和革命纪念设施建设保护利用，充实展陈内容，丰富思想内涵，提升教育功能。民族团结、科普、国防等教育基地，图书馆、文化馆、博物馆、纪念馆、科技馆、青少年活动中心等公共文化设施，都要结合各自功能特点有针对性地开展道德教育。用好宣传栏、显示屏、广告牌等户外媒介，营造明德守礼的浓厚氛围。

7.抓好重点群体的教育引导。公民道德建设既要面向全体社会成员开展，也要聚焦重点、抓住关键。党员干部的道德操守直接影响着全社会道德风尚，要落实全面从严治党要求，加强理想信念教育，补足精神之钙；要加强政德修养，坚持法律红线不可逾越、道德底线不可触碰，在严肃规范的党内政治生活中锤炼党性、改进作风、砥砺品质，践行忠诚老实、公道正派、艰苦奋斗、清正廉洁等品格，正心修身、慎独慎微，严以律己、廉洁齐家，在道德建设中为全社会作出表率。青少年是国家的希望、民族的未来，要坚持从娃娃抓起，引导青少年把正确的道德认知、自觉的道德养成、积极的道德实践紧密结合起来，善于从中华民族传统美德中汲取道德滋养，从英雄人物和时代楷模身上感受道德风范，从自身内省中提升道德修为，不断修身立德，打牢道德根基。全社会都要关心帮助支持青少年成长发展，完善家庭、学校、政府、社会相结合的思想道德教育体系，引导青少年树立远大志向，热爱党、热爱祖国、热爱人民，形成好思想、好品行、好习惯，扣好人生第一粒扣子。社会公众人物知名度高、影响力大，要加强思想政治引领，引导他们承担社会责任，加强道德修养，注重道德自律，自觉接受社会和舆论监督，树立良好社会形象。

四、推动道德实践养成

1.广泛开展弘扬时代新风行动。良好社会风尚是社会文明程度的重要标志，涵育着公民美德善行，推动着社会和谐有序运转。要紧密结合社会发展实际，广泛开展文明出行、文明交通、文明旅游、文明就餐、文明观赛等活动，引导人们自觉遵守社会交往、公共场所中的文明规范。着眼完善社会治理、规范社会秩序，推动街道社区、交通设施、医疗场所、景区景点、文体场馆等的精细管理、规范运营，优化公共空间、提升服务水平，为人们增强公共意识、规则意识创造良好环境。

2.深化群众性创建活动。各类群众性创建活动是人民群众自我教育、自我提高的生动实践。群众性精神文明创建活动要突出道德要求，充实道德内容，将社会公德、职业道德、家庭美德、个人品德建设贯穿创建全过程。文明城市、文明村镇创建要坚持为民利民惠民，突出文明和谐、宜居宜业，不断提升基层社会治理水平和群众文明素质。文明单位创建要立足行业特色、职业特点，突出涵养职业操守、培育职业精神、树立行业新风,引导从业者精益求精、追求卓越,为社会提供优质产品和服务。文明家庭创建要聚焦涵育家庭美德,弘扬优良家风。文明校园创建要聚焦立德树人,培养德智体美劳全面发展的社会主义建设者和接班人。各级党政机关、各行业各系统开展的创建活动,要把公民道德建设摆在更加重要的位置,以扎实有效的创建工作推动全民道德素质提升。

3.持续推进诚信建设。诚信是社会和谐的基石和重要特征。要继承发扬中华民族重信守诺的传统美德,弘扬与社会主义市场经济相适应的诚信理念、诚信文化、契约精神,推动各行业各领域制定诚信公约,加快个人诚信、政务诚信、商务诚信、社会诚信和司法公信建设,构建覆盖全社会的征信体系,健全守信联合激励和失信联合惩戒机制,开展诚信缺失突出问题专项治理,提高全社会诚信水平。重视学术、科研诚信建设,严肃查处违背学术科研诚信要求的行为。深入开展“诚信建设万里行”、“诚信兴商宣传月”等活动,评选发布“诚信之星”,宣传推介诚信先进集体,激励人们更好地讲诚实、守信用。

4.深入推进学雷锋志愿服务。学雷锋和志愿服务是践行社会主义道德的重要途径。要弘扬雷锋精神和奉献、友爱、互助、进步的志愿精神,围绕重大活动、扶贫救灾、敬老救孤、恤病助残、法律援助、文化支教、环境保护、健康指导等,广泛开展学雷锋和志愿服务活动,引导人们把学雷锋和志愿服务作为生活方式、生活习惯。推动志愿服务组织发展,完善激励褒奖制度,推进学雷锋志愿服务制度化常态化,使“我为人人、人人为我”蔚然成风。

5.广泛开展移风易俗行动。摒弃陈规陋习、倡导文明新风是道德建设的重要任务。要围绕实施乡村振兴战略,培育文明乡风、淳朴民风,倡导科学文明生活方式,挖掘创新乡土文化,不断焕发乡村文明新气象。充分发挥村规民约、道德评议会、红白理事会等作用,破除铺张浪费、薄养厚葬、人情攀比等不良习俗。要提倡科学精神,普及科学知识,抵制迷信和腐朽落后文化,防范极端宗教思想和非法宗教势力渗透。

6.充分发挥礼仪礼节的教化作用。礼仪礼节是道德素养的体现,也是道德实践的载体。要制定国家礼仪规程,完善党和国家功勋荣誉表彰制度,规范开展升国旗、奏唱国歌、入党入团入队等仪式,强化仪式感、参与感、现代感,增强人们对党和国家、对组织集体的认同感和归属感。充分利用重要传统节日、重大节庆和纪念日,组织开展群众性主题实践活动,丰富道德体验、增进道德情感。研究制定继承中华优秀传统、适应现代文明要求的社会礼仪、服装服饰、文明用语规范,引导人们重礼节、讲礼貌。

7.积极践行绿色生产生活方式。绿色发展、生态道德是现代文明的重要标志,是美好生活的基础、人民群众的期盼。要推动全社会共建美丽中国,围绕世界地球日、世界环境日、世界森林日、世界水日、世界海洋日和全国节能宣传周等，广泛开展多种形式的主题宣传实践活动，坚持人与自然和谐共生，引导人们树立尊重自然、顺应自然、保护自然的理念，树立绿水青山就是金山银山的理念，增强节约意识、环保意识和生态意识。开展创建节约型机关、绿色家庭、绿色学校、绿色社区、绿色出行和垃圾分类等行动，倡导简约适度、绿色低碳的生活方式，拒绝奢华和浪费，引导人们做生态环境的保护者、建设者。

8.在对外交流交往中展示文明素养。公民道德风貌关系国家形象。实施中国公民旅游文明素质行动计划，推动出入境管理机构、海关、驻外机构、旅行社、网络旅游平台等，加强文明宣传教育，引导中国公民在境外旅游、求学、经商、探亲中，尊重当地法律法规和文化习俗，展现中华美德，维护国家荣誉和利益。培育健康理性的国民心态，引导人们在各种国际场合、涉外活动和交流交往中，树立自尊自信、开放包容、积极向上的良好形象。

五、抓好网络空间道德建设

1.加强网络内容建设。网络信息内容广泛影响着人们的思想观念和道德行为。要深入实施网络内容建设工程，弘扬主旋律，激发正能量，让科学理论、正确舆论、优秀文化充盈网络空间。发展积极向上的网络文化，引导互联网企业和网民创作生产传播格调健康的网络文学、网络音乐、网络表演、网络电影、网络剧、网络音视频、网络动漫、网络游戏等。加强网上热点话题和突发事件的正确引导、有效引导，明辨是非、分清善恶，让正确道德取向成为网络空间的主流。

2.培养文明自律网络行为。网上行为主体的文明自律是网络空间道德建设的基础。要建立和完善网络行为规范，明确网络是非观念，培育符合互联网发展规律、体现社会主义精神文明建设要求的网络伦理、网络道德。倡导文明办网，推动互联网企业自觉履行主体责任、主动承担社会责任，依法依规经营，加强网络从业人员教育培训，坚决打击网上有害信息传播行为，依法规范管理传播渠道。倡导文明上网，广泛开展争做中国好网民活动，推进网民网络素养教育，引导广大网民尊德守法、文明互动、理性表达，远离不良网站，防止网络沉迷，自觉维护良好网络秩序。

3.丰富网上道德实践。互联网为道德实践提供了新的空间、新的载体。要积极培育和引导互联网公益力量，壮大网络公益队伍，形成线上线下踊跃参与公益事业的生动局面。加强网络公益宣传，引导人们随时、随地、随手做公益，推动形成关爱他人、奉献社会的良好风尚。拓展“互联网＋公益”、“互联网＋慈善”模式，广泛开展形式多样的网络公益、网络慈善活动，激发全社会热心公益、参与慈善的热情。加强网络公益规范化运行和管理，完善相关法规制度，促进网络公益健康有序发展。

4.营造良好网络道德环境。加强互联网管理，正能量是总要求，管得住是硬道理，用得好是真本事。要严格依法管网治网，加强互联网领域立法执法，强化网络综合治理，加强网络社交平台、各类公众账号等管理，重视个人信息安全，建立完善新技术新应用道德评估制度，维护网络道德秩序。开展网络治理专项行动，加大对网上突出问题的整治力度，清理网络欺诈、造谣、诽谤、谩骂、歧视、色情、低俗等内容，反对网络暴力行为，依法惩治网络违法犯罪，促进网络空间日益清朗。

六、发挥制度保障作用

1.强化法律法规保障。法律是成文的道德，道德是内心的法律。要发挥法治对道德建设的保障和促进作用，把道德导向贯穿法治建设全过程，立法、执法、司法、守法各环节都要体现社会主义道德要求。及时把实践中广泛认同、较为成熟、操作性强的道德要求转化为法律规范，推动社会诚信、见义勇为、志愿服务、勤劳节俭、孝老爱亲、保护生态等方面的立法工作。坚持严格执法，加大关系群众切身利益重点领域的执法力度，以法治的力量维护道德、凝聚人心。坚持公正司法，发挥司法裁判定分止争、惩恶扬善功能，定期发布道德领域典型指导性司法案例，让人们从中感受到公平正义。推进全民守法普法，加强社会主义法治文化建设，营造全社会讲法治、重道德的良好环境，引导人们增强法治意识、坚守道德底线。

2.彰显公共政策价值导向。公共政策与人们生产生活和现实利益密切相关，直接影响着人们的价值取向和道德判断。各项公共政策制度从设计制定到实施执行，都要充分体现道德要求，符合人们道德期待，实现政策目标和道德导向有机统一。科学制定经济社会政策和改革举措，在涉及就业、就学、住房、医疗、收入分配、社会保障等重大民生问题上，妥善处理各方面利益关系，充分体现维护社会公平正义的要求。加强对公共政策的道德风险和道德效果评估，及时纠正与社会主义道德相背离的突出问题，促进公共政策与道德建设良性互动。

3.发挥社会规范的引导约束作用。各类社会规范有效调节着人们在共同生产生活中的关系和行为。要按照社会主义核心价值观的基本要求，健全各行各业规章制度，修订完善市民公约、乡规民约、学生守则等行为准则，突出体现自身特点的道德规范，更好发挥规范、调节、评价人们言行举止的作用。要发挥各类群众性组织的自我教育、自我管理、自我服务功能，推动落实各项社会规范，共建共享与新时代相匹配的社会文明。

4.深化道德领域突出问题治理。道德建设既要靠教育倡导，也要靠有效治理。要综合施策、标本兼治，运用经济、法律、技术、行政和社会管理、舆论监督等各种手段，有力惩治失德败德、突破道德底线的行为。要组织开展道德领域突出问题专项治理，不断净化社会文化环境。针对污蔑诋毁英雄、伤害民族感情的恶劣言行，特别是对于损害国家尊严、出卖国家利益的媚外分子，要依法依规严肃惩戒，发挥警示教育作用。针对食品药品安全、产品质量安全、生态环境、社会服务、公共秩序等领域群众反映强烈的突出问题，要逐一进行整治，让败德违法者受到惩治、付出代价。建立惩戒失德行为常态化机制，形成扶正祛邪、惩恶扬善的社会风气。

七、加强组织领导

加强新时代公民道德建设，是推进中国特色社会主义事业的一项基础性、战略性工程。要坚持和加强党的领导，增强“四个意识”，坚定“四个自信”，做到“两个维护”，确保公民道德建设的正确方向。各级党委和政府要担负起公民道德建设的领导责任，将其摆上重要议事日程，纳入全局工作谋划推进，有机融入经济社会发展各方面。纪检监察机关和组织、统战、政法、网信、经济、外交、教育、科技、卫生健康、交通运输、民政、文化和旅游、民族宗教、农业农村、自然资源、生态环境等党政部门，要紧密结合工作职能，积极履行公民道德建设责任。发挥基层党组织和党员在新时代公民道德建设中的战斗堡垒作用和先锋模范作用。工会、共青团、妇联等群团组织，各民主党派和工商联，要积极发挥自身优势，共同推动公民道德建设。

各级文明委和党委宣传部要切实履行指导、协调、组织职能，统筹力量、精心实施、加强督查，抓好工作任务落实。注重分析评估公民道德建设的进展和成效，及时总结推广成功经验和创新做法，加强道德领域重大理论和实践问题研究，推动形成公民道德建设蓬勃开展、深入发展的良好局面。

教育部办公厅关于做好扩招后高职教育教学管理工作的指导意见

（教职成厅函〔2019〕20号）

各省、自治区、直辖市教育厅（教委），各计划单列市教育局，新疆生产建设兵团教育局：

为贯彻落实《国家职业教育改革实施方案》及教育部等六部门印发的《高职扩招专项工作实施方案》，主动适应高职扩招后生源多元化、发展需求多样化对教育教学的新要求，保障质量型扩招，全面提高人才培养质量，现就做好扩招后高职教育教学管理工作提出以下意见。

一、激活改革发展新动力。以习近平新时代中国特色社会主义思想为指导，全面贯彻党的教育方针，解放思想，实事求是，抓住发展机遇，主动应对挑战，把高职扩招作为深化职业教育改革发展、提升教育教学质量的新动力，推动管理水平、学生综合素质、人才培养质量持续提升。针对退役军人、下岗失业人员、农民工、高素质农民、在职职工及应（往）届毕业生等高职扩招生源（以下简称扩招生源）教育教学，坚持标准不降、模式多元、学制灵活，坚持因材施教、按需施教，坚持宽进严出，严把毕业关口。以学情分析为基础，以培养方案为关键，以教师主导为重点，以管理创新为突破，以信息技术应用为手段，确保“教好”“学好”“管好”，实现高质量就业。

二、系统开展学情分析。各高职院校要充分考虑不同生源在成长背景、从业经历、学习基础、年龄阶段、认知特点、发展愿景等方面的差异性，通过问卷调查、座谈、访谈等形式，对学生学业水平、技术技能基础、信息技术应用能力、学习目的和心理预期等深入调研，开展有关测评，形成学情分析报告，提出有针对性的培养策略，充分挖掘扩招生源特长潜质，实施扬长教育，同时补齐短板。各省级教育行政部门要加强对高职院校的指导，及时收集汇总，掌握高职院校学情，形成本区域学情分析报告，为做好扩招后教育教学管理工作提供依据。

三、强化思想政治工作。加强思想政治教育和价值引领，贯彻中共中央办公厅、国务院办公厅《关于深化新时代学校思想政治理论课改革创新的若干意见》，严格落实《新时代高校思想政治理论课教学工作基本要求》，开齐开足思想政治理论课。充分发挥课堂教学主渠道作用，确保各类课程都要与思想政治理论课同向同行，形成协同效应。

结合扩招生源的经历特点，创新课程思政教学模式，积极开展实践教学，立足实际开设有关选修课程，确保思想政治教育取得实效。统筹推进针对各类生源的“三全育人”综合改革，强化职业素养养成和技术技能积累，将专业精神、职业精神和工匠精神融入人才培养全过程。悉心关注扩招生源的思想动态，深入细致做好引导和服务。

四、分类制订人才培养方案。各高职院校要认真落实《教育部关于职业院校专业人才培养方案制订与实施工作的指导意见》有关要求，依据学情分析报告，结合实际，分类制订专业人才培养方案，科学合理确定人才培养目标、人才规格、课程设置、学时安排、教学进程、考核方式和毕业要求等，统筹配置师资队伍、设施设备和教学资源。专业人才培养方案应按程序审定通过后发布执行，报省级教育行政部门备案，并通过学校网站等主动向社会公开。

针对扩招生源，鼓励实施灵活多元的教学模式，可实施弹性学习，最长不超过 6 年。确保总学时不低于 2500，其中集中学习不得低于总学时的 40%。与企业及其他院校合作培养的，专业人才培养方案由学生学籍注册学校负责牵头组织制订、审定。

五、打造适应扩招新要求的教师队伍。要针对扩招后教育教学新要求，加大教师培训力度，完善省级、地(市)级、校级教师培训体系，打造能够胜任面向不同生源实施教学和管理工作的教师队伍。推动教师转变观念、创新模式、改革方法与手段，增强适应和解决教学、管理、服务过程中的新情况、新要求的能力。

要引导高职院校组建由学校教师与行业企业专家组成的教师教学创新团队，积极应变、主动求变，分工协作开展模块化教学，建立导师制、师徒制，强化个性化教学。支持团队针对高职扩招开展教育教学研究与实践，定期开展教研活动，研究解决教学组织运行、课程结构内容、学生管理与考核评价等方面的新情况、新问题，关注扩招生源对教学内容、培养方式等方面的意见建议。

六、创新教学组织形式。要采取集中教学与分散教学相结合、校内教学与校外教学相结合、线上教学与线下教学相结合等方式，对非应届毕业生尤其是退役军人、下岗失业人员和农民工等应尽量单独编班或实施分层教学。指导高职院校实行学分制管理。鼓励校企联合开展培养，推行现代学徒制等培养模式。

对在岗职工可采用线上线下教学相结合的教学模式，工作日通过有关网络平台和教学资源线上学习，周末、节假日或晚间到学校或具备条件的企业教学场所集中面授和辅导，用好职业教育专业教学资源库等；对退役军人、下岗失业人员、农民工等，可根据行业企业生产规律，实施“旺工淡学”的错峰教学，“旺”季以企业实践为主，“淡”季以学校教学为主；对高素质农民、村“两委”委员、相对集中的在岗职工等，应积极做好“送教下乡”“送教上门”，根据实际情况设立“社区学区”“企业学区”，就近实施集中教学。

七、探索学习成果认定、积累和转换。鼓励高职院校开展 1＋X 证书制度试点，按规定兑换学分，免修相应课程或模块。指导高职院校积极参与职业教育国家学分银行试点，为各类生源的学习成果认定、积累和转换提供便利。

扩招生源已有工作经历、相关培训经历、技术技能达到一定水平及在相关领域获得一定级别的奖项或荣誉称号的，经学校认定后可折算成相应学分或免修相应课程，并可调整有关教学内容或学时安排。有关高职院校应研究制订认定、转换规则和实施办法，经学校党委会议或校长办公会审定后发布实施，并通过学校网站等向社会公开。不得随意把未列入人才培养方案的企业工作内容、时间等折算抵扣学时学分。

八、严格教育教学管理。各省级教育行政部门要指导高职院校适应生源、教学组织形式、资源利用方式的新变化，优化资源配置，创新管理机制，健全管理制度，提高学校管理的信息化水平。要会同省级退役军人事务管理部门，加强退役军人生源的协同培养。充分发挥退役军人政治素质、意志品质、能力作风等优势，聘用符合条件的退役军人学生担任兼职辅导员，或参与校园安全管理、军训等工作。

各高职院校要根据《普通高等学校学生管理规定》，结合不同生源特点和培养模式要求，制订有针对性的学生管理办法，并报省级教育行政部门备案。坚持严格管理与精心指导相结合，为不同生源群体配备有一定阅历和工作经验的辅导员或班主任。在落实《职业学校学生实习管理规定》有关要求基础上，针对不同生源特点，灵活多样开展实践教学，集中安排实习和学生自主实习相结合，校企共同制订实习方案，创新实习管理方式，为学生投保实习责任保险。

九、建立健全质量评价体系。各高职院校要主动适应技术技能人才多样化培养需要，针对不同生源、不同学习时间、不同学习方式，改革学生学业考核评价方式方法，实行多元评价。结合课程特点和实际条件组织实施竞赛活动、技能抽查、学业水平测试、综合素质评价和毕业生质量跟踪调查等。不断完善内部质量保证体系和运行机制，做好各类生源学生的学习状态数据采集，根据反馈实时诊断、及时改进。

要全面考察学生的职业道德、职业素养、技术技能水平、创新创业能力，并把实现高质量就业作为检验人才培养质量的重要标准，做好毕业生的就业质量跟踪调查。严把毕业出口关，不得以任何原因、任何形式降低毕业要求，严禁实施“清考”。

十、加强组织领导和监督保障。各省级教育行政部门要加强对高职院校分类教育教学、管理服务的过程性监管，对专业人才培养方案制订、教育资源配置、信息公开、教学实施等情况，特别是对课堂教育教学过程开展检查，公布检查结果，并纳入有关考核评价。支持高职院校在教学场所、实训基地等方面做好条件保障，利用好晚间、周末、节假日等时间，提高教室、实训设施设备等资源使用效率。组织设立教改专项，加强教研科研课题研究，促进经验交流，及时总结经验，形成可复制、可推广的工作机制和模式。

各高职院校要将教育教学管理作为学校“一把手”工程，学校党委切实履行主体责任、院（校）长是第一责任人，学校有关部门和院系按职责分工，承担相应的管理责任。

教育部办公厅

2019 年 12 月 23 日

主要参考文献

[1]《中共中央、国务院关于进一步加强和改进大学生思想政治教育的意见》(中发〔2004〕16 号)。

[2]《中共中央关于坚持和完善中国特色社会主义制度,推进国家治理体系和治理能力现代化若干重大问题的决定》(2019 年 10 月 31 日中国共产党第十九届中央委员会第四次全体会议通过)。

[3]习近平:《在庆祝“五一”国际劳动节暨表彰全国劳动模范和先进工作者大会上的讲话》,载《中国青年报》2015 年 4 月 29 日。

[4]《教育部关于全面提高高等职业教育教学质量的若干意见》(教高〔2006〕16 号)。

[5]《中共山东省委、山东省人民政府关于进一步加强和改进大学生思想政治教育的实施意见》(鲁发〔2005〕9 号)。

[6]沈素敏、张春荣:《近十年高职院校思想政治教育研究综述》,载《保定学院学报》2012 年第 3 期。

[7]丁正亚:《高职学生专业道德教育研究综述》,载《职教通讯》2013 年第 20 期。

[8]罗金凤:《高职职业道德课程教学方法探讨》,载《职教论坛》2004 年第 1 期。

[9]高红杰:《高职生职业道德教育实效性研究》,载《辽宁高职学报》2007 年第 11 期。

[10]武欣、汪清:《高职院校思想政治教育新问题初探》,载《经济研究导刊》2009 年第 33 期。

[11]方薇:《提高高职院校思政课实效性的思考》,载《学理论》2015 年第 11 期。

[12]仇文利、沈新华:《高职院校思政课实践教学实效性评价探究》,载《高教学刊》2015 年第 23 期。

[13]罗金凤、谭洪珍、刘敏:《高职院校大学生职业道德教育正反相关性问题研究——基于山东省三所高职学生职业道德教育实证研究》,载《山东商业职业技术学院学报》2019 年第 5 期。

[14]方晓红:《高职学生职业道德教育探索》,载《中国职业技术教育》2002 年第 6 期。

[15]邓昌大、肖学文:《加强高职学生职业道德教育的思考与实践》,载《教育教学论坛》2015 年第 7 期。

[16]吕遂峰:《高职学生职业道德教育有效途径探析》,载《教育与职业》2005 年第 18 期。

[17]张莉:《基于现代学徒制的高职学生职业道德培养路径探析》,载《吉林省经济管理干部学院学报》2016 年第 1 期。

[18]黄彦:《主题工作坊:高职学生职业道德学习的新尝试》,载《高等职业教育探索》2017 年第 2 期。

[19]张淑琼:《高职院校学生职业道德教育探析》,载《中国高教研究》2015 年第 5 期。

[20]林静:《形成性评价在高校课程评价中的应用》,载《现代教育管理》2011 年第 9 期。

[21]王丽英:《高职学生职业道德教育的评价机制》,载《现代教育管理》2014 年第 10 期。

[22]王小艳、何军拥、赵红、曾晓秋:《高职学生职业道德教育调查分析与培养探讨》,载《教育教学论坛》2016 年第 8 期。

[23]《陶行知全集》第 1 卷,湖南教育出版社 1983 年版。

[24][美]路易斯·拉思斯:《价值与教学》,谭松贤译,浙江教育出版社 2003 年版。

[25]邓小娟:《我国高校德育借鉴价值澄清理论的研究》,首都师范大学博士学位论文,2008 年。

[26]郭宗圣:《职业道德教育》,机械工业出版社 2004 年版。

后 记

出书对于我来说是一件极其重要和神圣的事情，因为它是你思想灵魂的展现，必须“全身”透着作者的“智慧”“灵动”“温度”和“思考力”，而自己才疏学浅，所以，工作之余致力于科研近30年来，从未敢触及。

至今已记不清为何把大学生职业道德教育作为我后期研究方向了，也许冥冥之中吧，与自己几乎一辈子从事的学生工作高度相关。2018年和2019年，我放弃了寒暑假和节假日，和学生一起进行“四维度”大学生职业道德教育调研，形成了十余万字的调研报告汇编。当把成果分享给我的领导和同事时，他们给予了充分肯定并认为应该出版让更多研究者和教育管理者看到研究成果。于是，我就动了心。

和张志东书记是在很多年前因为学生工作而熟悉。他看到调研报告汇编后提出很多中肯的修改意见，并将调研结果应用于各种研究和工作中。我们就研究报告分工进行深度研究分析，形成十余万字的深度调研报告。

和山东大学出版社的渊源是因为我的一个山大同学，在一次偶尔交流后，他把山东大学出版社谭学秋编辑的手机号告知我。至今我和谭编辑只通过一次电话，没有见过面，因为互加QQ后，QQ成为我们唯一的交流方式，无论是工作日还是节假休息，无论是中午还是晚上。我感念谭编辑对我提交书稿计划书的肯定和及时推进；感念他对书稿严谨细致的推敲和高度负责；感念他为我经费紧张而做出的一切积极努力；感念在我写下这篇文字时，因为疫情缘故我们还没有签订正式协议，在当今社会应该很少见，算是君子之交了吧。他不仅是个严谨负责的编者，还是一个有敦厚善良之心的智者。通过他分享的文章，我了解到一个人学问的深度和厚度，因为在所分享的文章里有其学术价值观。

我要感谢做问卷调查时倾力支持我的各高职院校领导、同仁，在此恕不能一一列出他们的姓名，谨借成书之际，对他们无私的帮助致以诚挚的谢意！尤其要特别感谢与我日夜奋战的几个科研小助手——种浩、陈梦冉、刘敏、窦云飞、金一博等同学，没有他们的帮助根本不可能完成调研基础工作！

我还要感谢我的两个从事和编辑有关的高中同学吕鲁华、鲁玉玲，她们放下手头的工作，加班为我的书稿修改校对，她们是暖也是希望。

也感谢自己，疫情期间，一个多月封闭在校，带着焦虑关注有关疫情的点点滴滴，看着一线医护人员的“舍命”和所有奋战在一线工作者的忘我坚持不禁感动，期待疫情快点结束的同时，也让自己安静沉淀下来，终于突破瓶颈完成两篇报告撰写和对书稿的统筹。

终成此书，依然对出书心怀敬畏。

始终对山东大学出版社、对谭编辑充满感激之情，永远珍存。

罗金凤

于静淑斋

2020 年 5 月 26 日